Deepening
Confectionary &
Baking

심화 제과실습 및 제빵실습

이원영 · 정민수 · 이소영 · 최덕규 공저

(주)백산출판사

우리나라의 경제발전은 식생활의 발전과 함께 이루어졌으며, 베이커리 산업을 세계 선진국 수준으로 이끌게 되었습니다. 최상의 기술력이 최고의 경쟁력으로 거듭나고 있는 21C에는 전문직을 선호하고 준비하는 사람들이 증가하고 있습니다. 최근 디저트가 인기를 얻으면서 많은 사람들이 제과 · 제빵기술에 관심을 보이고 있습니다. 제과 · 제빵은 외식산업의 발전과 함께 미래가치를 인정받는 기술로 자리매김하고, 그만큼 관련능력을 함양하려는 수요 또한 높아지고 있습니다. 이에 따라 저자는 실무현장에서의 오랜 경험과 학교에서 학생들의 다양한 목소리와 시험감독을 통해서 얻은 지식을 바탕으로 실제 시험에 가장 가까운 이론을 선별하여 끊임없이 개정해 왔습니다. 따라서 이번에 집필한 책은 2020년에 변경된 품목과 2021년에 변경된 배합표 및 요구사항을 반영하여 본문의 내용을 수정하였습니다. 제과 · 제빵기능사에 관심은 있지만 다수의 실기과제에 대한 부담을 느끼는 수험생을 위해 정확한 사진과 자세한 설명을 수록하였고, 실기시험에 적합하게 각 단계별로 과제를 자세하게 설명하였으며, 각 과정별 제품평가를 통해 각 과정에서 놓치지 말아야 할 핵심 포인트를 수험생이 직접 체크할 수 있도록 구성하였습니다.

제과 · 제빵기능사 자격증 취득에 도전하고 전공과는 무관한 제과 · 제빵업계에 진출하기까지의 과정을 이론과 실무기술을 사실적으로 그려냄으로써 진로를 고민하는 청소년들에게 실질적 도움과 함께 새로운 분야에의 도전을 꿈꾸는 젊은이들과 특히 제과 · 제빵 분야에 관심 있는 많은 분에게 이 책은 훌륭한 지침서가 될 것입니다. 또한 제과 · 제빵기능사 실기시험을 준비하는 수험생들의 시험준비에 대한 요구뿐만 아니라, 현재의 트렌드에 맞는 스타일링 기법 및 전체적인 디자인적 요소를 강조하는 형식으로 책을 구성하였습니다. 또한 제과 · 제빵 시험품목을 통하여 다양한 제품을 응용할 수 있는 방법과 최근 유행하는 다양한 제품을 수록했으며, 대학생들뿐만 아니라 베이커리 취업 및 창업을 꿈꾸는 많은 이들에게도 길잡이가 되고, 도움이 될 수 있는 교재가 되기를 바라는 마음으로 정성껏 집필하였습니다.

끝으로 책이 나오기까지 많은 도움을 주신 백산출판사 진욱상 사장님과 이경희 부장님, 편집부 선생님들께 깊은 감사를 드립니다.

저자 씀

차례

1부 | 이론

제1장	빵의 역사 및 천연발효 제빵법 • 16
16	제1절 빵의 역사와 발전과정
17	제2절 천연발효 및 제빵법
20	제3절 천연발효종 만들기
25	제4절 제빵의 제조공정

제2장	실무 제과이론 • 49
49	제1절 제과의 다양한 반죽법
58	제2절 케이크의 역사
60	제3절 디저트의 개념 및 분류
73	제4절 초콜릿

앙버터빵
84

건강빵
86

고르곤졸라 바게트
88

피자 파니니
90

초코 캉파뉴
92

무화과 캉파뉴
94

먹물치즈랑 앙금
96

호밀빵
98

호두 크림치즈 브레드
100

녹차 코코넛
102

허브빵
104

옥수수 조리빵
106

치즈 푸카스
110

야채빵
112

블랙홀빵
116

쌀 앙금빵
118

피타 포켓 빵
120

스위트 롱 브레드
122

시금치 할라피뇨
치아바타 126

튀김소보로
128

차례

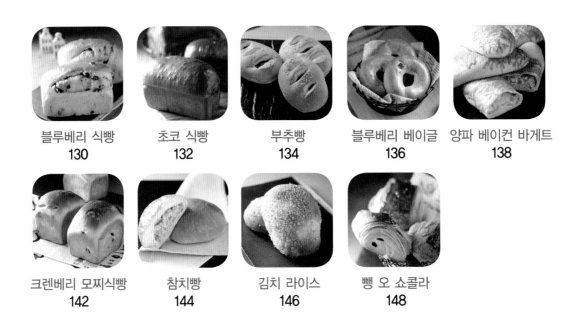

블루베리 식빵
130

초코 식빵
132

부추빵
134

블루베리 베이글
136

양파 베이컨 바게트
138

크렌베리 모찌식빵
142

참치빵
144

김치 라이스
146

뺑 오 쇼콜라
148

150　　제빵 GCD 교안

3부 ㅣ 제과실습

에그타르트
158

뉴욕 치즈케이크
160

엘리게이터 파이
162

아몬드 애플파이
164

호박파운드
166

치즈 다쿠아즈 168

에클레르 170

스톤슈 172

레몬 머랭 타르트 176

크림치즈 타르트 178

자몽 타르트 180

고구마 타르트 182

프로마쥬 타르트 184

체리 타르트 186

피칸 초콜릿 타르트 188

초콜릿 타르트 190

엥가디너 타르트 192

팔미에 194

플로랑탱 아망드 196

아몬드 초코칩 비스코티 198

커피 피스타치오 비스코티 200

밀봉 카스테라 202

피낭시에 204

까눌레 206

구겔호프 208

차례

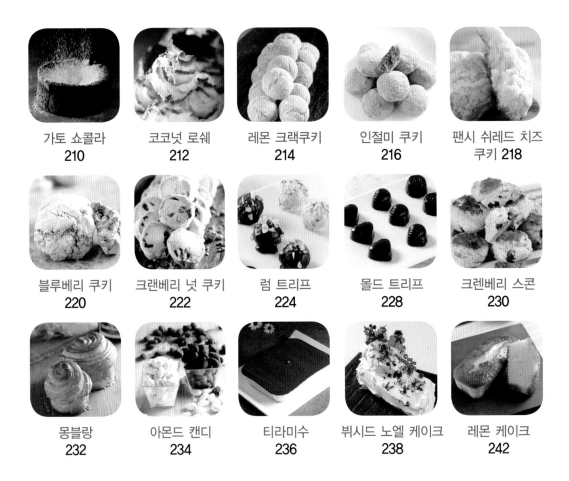

가토 쇼콜라
210

코코넛 로쉐
212

레몬 크랙쿠키
214

인절미 쿠키
216

팬시 쉬레드 치즈
쿠키 218

블루베리 쿠키
220

크랜베리 넛 쿠키
222

럼 트리프
224

몰드 트리프
228

크렌베리 스콘
230

몽블랑
232

아몬드 캔디
234

티라미수
236

뷔시드 노엘 케이크
238

레몬 케이크
242

244   제과 GCD 교안

제과·제빵기능사
필기 및 실기시험 안내

| 제과기능사 자격증 시험과목 | ① 필기시험 : 과자류 재료, 제조 및 위생관리 객관식 4지 택일형 60문항(60분)
② 제과기능사 자격증 실기 : 제과 실무 |

제과기능사 자격증
시험과목

① 필기시험 : 과자류 재료, 제조 및 위생관리 객관식 4지 택일형 60문항(60분)
② 제과기능사 자격증 실기 : 제과 실무

제빵기능사 자격증
시험과목

① 필기시험 : 빵류 재료, 제조 및 위생관리 객관식 4지 택일형 60문항(60분)
② 제빵기능사 자격증 실기 : 제빵 실무

제과·제빵기능사
필기시험 변경

종목	변경 전	변경 후
제과기능사	제조이론, 재료과학 영양학, 식품위생학	과자류 재료, 제조 및 위생관리
제빵기능사		빵류 재료, 제조 및 위생관리

● 상세사항
1) 출제기준 변경에 의거 제과기능사와 제빵기능사 필기시험이 기존 "완전 공통(상호 면제)"에서 "분리 자격"으로 변경됩니다.
2) 이에 따라 '20년도부터는 제과기능사 자격은 제과 직무 중심의 문제가 출제되며, 제빵기능사 자격은 제빵 직무 중심의 문제가 출제됩니다.
3) 다만, 제과와 제빵의 직무가 동일하거나 유사한 출제기준의 내용은 "일부 공통"으로 출제될 수 있음을 참고하시기 바랍니다(상호 면제는 되지 않음).

제과·제빵기능사 필기시험 변경

세부항목 기준의 "재료준비 및 계량", "제품 냉각 및 포장", "저장 및 유통", "위생 안전관리", "생산작업준비" 등은 제과와 제빵의 직무내용 및 이론지식이 완전 일치 또는 유사함에 따라 문제가 일부 유사하게 출제될 수 있습니다.

예시) 기초재료과학, 재료가 빵 반죽(발효)에 미치는 영향, 케이크에서의 재료의 역할(기능), 빵 제품의 노화 및 냉각, 제과 제품의 변질, 제과제빵 설비 및 기기 등은 제과기능사와 제빵기능사 모두 출제될 수 있음을 참고하시기 바랍니다.

제과·제빵기능사 실기시험 변경

지급재료는 시험 시작 후 재료계량시간(재료당 1분) 내에 공동재료대에서 수험자가 적정량의 재료를 본인의 작업대로 가지고 가서 저울을 사용하여 재료를 계량합니다.

● 재료 계량 시간이 종료되면 시험시간을 정지한 상태에서 감독위원이 무작위로 확인하여 계량 채점을 하고 잔여 재료를 정리한 후(시험시간 제외) 시험시간을 재개하여 작품제조를 시작합니다.

● 계량 시간 내 계량을 완료하지 못한 경우, 누락된 재료가 있는 경우 등은 채점 기준에 따라 감점하고, 시험시간 재개 후 추가 시간 부여 없이 작품제조 시간을 활용하여 요구사항의 배합표 무게대로 정정 계량하여 제조합니다.

● 제조 중 제품을 잘못 만들어 다시 제조하는 것은 시험의 공정성과 형평성 상 불가하므로, 재료의 재지급, 추가 지급은 불가합니다.

제과·제빵기능사 위생규정 변경

● 위생 기준에 적합하지 않을 경우 감점 또는 실격처리 되므로 규정에 맞는 복장을 준비하시어 시험에 응시하시기 바랍니다.

● 아울러, 위생 기준은 제품의 위생과 수험자의 안전을 위한 사항임을 참고하여 주시기 바랍니다.

※ 주요 사항 : 위생복(상·하의), 위생모 미착용 시 실격처리 됨에 유의합니다.

위생
세부 기준
상세 안내

순번	구분	세부기준
1	위생복	• 기관 및 성명 등의 표식이 없을 것 • 상의 :「흰색 위생 상의」 　－소매 길이는 팔꿈치가 덮이는 길이 이상의 7부·9부·긴팔 착용 　－팔꿈치 길이보다 짧은 소매는 작업 안전상 금지, 부적합할 경우 위생점수 전체 0점 　－7부·9부 착용 시 수험자 필요에 따라 흰색 팔토시 사용 가능 • 하의 :「흰색 긴바지 위생복」또는「긴바지와 흰색 앞치마」 　－흰색 앞치마 착용 시, 앞치마 길이는 무릎 아래까지 덮이는 길이일 것, 바지의 색상·재질은 무관하나, '반바지·짧은 치마·폭넓은 바지'등 안전과 작업에 방해가 되는 경우는 위생점수 전체 0점
2	위생모	• 기관 및 성명 등의 표식이 없을 것 • 흰색(흰색 머릿수건으로 대체 가능) • 일반 제과점에서 통용되는 위생모(모자의 크기 및 길이, 면 또는 부직포, 나일론 등의 재질은 무관)

[위생복, 위생모 착용에 대한 채점기준]
① 위생복, 위생모 중 한 가지라도 미착용일 경우 : 실격(채점대상 제외)
② 평상복(흰 티셔츠), 패션모자(흰털모자, 비니, 야구모자 등)를 착용한 경우 : 실격(채점대상 제외)
③ 유색의 "위생복, 위생모, 팔토시" 착용한 경우 : 위생점수 전체 0점
④ 테두리, 가장자리 등 일부 유색인 위생복 착용한 경우(청테이프 등으로 표식이 가려지지 않은 경우) : 위생점수 전체 0점
⑤ 제과용·식품가공용 위생복이 아니며, 위의 위생복 기준에 적합하지 않은 위생복장인 경우 : 위생점수 전체 0점
* 반드시 특수 표식이나 무늬, 그림이 없는 흰색 위생복 착용

순번	구분	세부기준
3	위생화 또는 작업화	• 기관 및 성명 등의 표식 없을 것 • 색상 무관 • 조리화, 위생화, 작업화, 발등이 덮이는 깨끗한 운동화 등 가능 • 미끄러짐 및 화상의 위험이 있는 슬리퍼류, 작업에 방해가 되는 굽이 높은 구두, 속 굽 있는 운동화가 아닐 것
4	장신구	• 착용 금지 • 시계, 반지, 귀걸이, 목걸이, 팔찌 등 이물, 교차오염 등의 식품위생 위해 장신구는 착용하지 않을 것
5	두발	• 단정하고 청결할 것 • 머리카락이 길 경우, 머리카락이 흘러내리지 않도록 단정히 묶거나 머리망 착용할 것
6	손톱, 손 씻기	• 길지 않고 청결해야 하며 매니큐어, 인조손톱부착을 하지 않을 것

※ 시험장 내 모든 개인물품에는 기관 및 성명 등의 표시가 없어야 합니다.

실기 과제목록
및 시험시간

제빵기능사			제과기능사		
과제 번호	과제명	시험시간	과제 번호	과제명	시험시간
1	빵도넛	3시간	1	초코머핀	1시간 50분
2	소시지빵	3시간 30분	2	버터스펀지케이크 (별립법)	1시간 50분
3	식빵 (비상스트레이트법)	2시간 40분	3	젤리롤케이크	1시간 30분
4	단팥빵 (비상스트레이트법)	3시간	4	소프트롤케이크	1시간 50분
5	그리시니	2시간 30분	5	스펀지케이크 (공립법)	1시간 50분
6	밤식빵	3시간 40분	6	마드레느	1시간 50분
7	베이글	3시간 30분	7	쇼트브레드쿠키	2시간
8	스위트롤	3시간 30분	8	슈	2시간
9	우유식빵	3시간 40분	9	브라우니	1시간 50분
10	단과자빵 (트위스트형)	3시간 30분	10	과일케이크	2시간 30분
11	단과자빵 (크림빵)	3시간 30분	11	파운드케이크	2시간 30분
12	풀만식빵	3시간 40분	12	다쿠와즈	1시간 50분
13	단과자빵 (소보로빵)	3시간 30분	13	타르트	2시간 20분
14	더치빵	3시간 30분	14	사과파이	2시간 30분
15	호밀빵	3시간 30분	15	시퐁케이크 (시퐁법)	1시간 40분
16	버터톱식빵	3시간 30분	16	마데라(컵) 케이크	2시간
17	옥수수식빵	3시간 40분	17	버터쿠키	2시간
18	모카빵	3시간 30분	18	치즈 케이크	2시간 30분
19	버터롤	3시간 30분	19	호두파이	2시간 30분
20	통밀빵	3시간 30분	20	초코롤케이크	1시간 50분

1부
이론

심·화·제·과·실·습·및·제·빵·실·습

1 | 빵의 역사 및 천연발효 제빵법

제1절 빵의 역사와 발전과정

빵의 역사는 지구상에서 가장 오래된 음식들 중 하나이고 아주 먼 옛날 신석기 시대부터 시작됐었으며, 최초의 빵은 우연히 곡물가루와 물이 섞인 것을 익혀 먹게 되면서 생겼다고 보인다. 빵이 서부 유럽 식탁에 밥 먹듯이 오르게 된 건 중세시대 때부터이고 실제로 많이 먹기 시작하여 주식으로 된 것은 15세기 이 후 부터이며, 왕족이나 귀족 같은 경우에는 밀가루와 같은 흰색 곡물로 빵을 만들어 먹었다. 가난한 서민의 경우 호밀이나 보리와 같은 어두운 빛깔의 곡물로 빵을 만들어 먹었고, 다른 곡식들과 역사가 전혀 다른 벼를 제외하면 원시시대부터 인간이 이용한 곡식은 크게 여섯 가지로 볼 수 있으며, 인류 초기의 기장, 귀리, 보리, 밀과 고전주의 시대 말엽부터 이용한 호밀, 그리고 아메리카 발견 이후 재배된 옥수수이다. 이 여섯 종류의 곡물류가 1만년이 넘도록 세상의 인간들을 먹여 살렸고 지금도 먹고있다. 몽골이나 인도에서는 기장을 주로 먹었고, 보리는 아리안 족에 의해 널리 퍼졌으며, 보리와 밀을 동 시에 재배하던 이집트에서 빵이 발명되면서 곡물의 역사에도 혁명적인 변화가 발생하게 되었다. 보리는 잘 구워지지 않았기 때문에 빵의 재료로 적당하지 않았던 것이고 빵이 만들어진 때부터 밀은 곡식의 왕이 되었고, 오늘날까지 많은 사랑을 받고 있다. 빵의 역사는 6,000년 전으로 거슬러 올라가며, 성경에 '사람은 빵만으로는 살 수 없다'고 쓰여 있는 것을 보면 빵은 성서가 쓰여 지기 전부터 존재했음을 알 수 있다. 인류의 문화가 수렵생활에서 농경생활과 목축생활로 옮아가면서 빵 식문화가 일어났다고 볼 수 있다. 빵의 주재료는 밀이고 밀의 원산지는 코카서스, 터키, 그 주변 국가였다. 여기서 서남아시아의 고원을 거쳐 메소포타미아, 이집트로 전해졌으며, 이집트에서 처음 빵 식문화가 일어났고 이것이 이어져와 지금과 같은 발효빵이 만들어지기 시작하였다. 고대 이집트의 빵은 그리스 로마로 전해졌다. 로마는 제분하는 기술과 빵을 만드는 기술이 크게 발달하였으며, 로마가 멸망하고 기독교가 전파됨에 따라 빵을 만드는 기술도 함께 유럽각지로 퍼져 나갔으나 빵은 그때 까지 일부 특권층만이 먹을 수 있는 음식이었다. 15세기 르네상스 시대에 와서 비로소 빵은 대중 속으로 파고들 수 있었다. 빵을 부풀리는 효모균이 발견되고, 정식으로 발표된 때는 17세기 후반이며, 그 뒤 1857년에 프랑스의 파스퇴르(L.Pasteur)가 효모의 작용을 발견하였고, 5,000년의 역사를 갖는 빵 비밀이 과학적으로 밝혀진 것은 길지 않은 150여 년 전의 일이다. 그리고 곧 순수 배양이 가능한 효모가 상품으로 만들어지고 빵을 만드는 방법도 과학적이고 체계화되기 시작했다.

제2절 천연발효 및 제빵법

빵의 제조는 BC 7000년부터 만들어지기 시작하였으며, BC 3550년경의 빵 화석을 보면 sour dough를 이용하여 발효 시킨 후 오븐에서 구운 것으로 추정 된다. 천연효모는 자연 어디에서나 얻을 수 있는 발효균의 산물로 '효모'는 '발효의 씨'라는 의미를 가지며, 발효에서 아주 중요한 미생물군을 뜻한다. 제빵에 주로 사용되고 있는 천연효모균은 대부분 맥아나 과실류, 당밀, 곡류 등의 표피에서 많이 얻을 수 있고 당을 발효시켜 에탄올과 이산화탄소를 생산하는 능력을 가진 것이 많다. 천연발효(sour dough)빵 발효에는 트레할로오스(trehalose) 천연 이당류로 당도는 설탕의 45% 정도 되며, 자연계 중 식물과 동물, 미생물 등에 널리 존재 한다. 밀가루와 물만을 섞어 배양한 원종을 스타터라 부르며, 여기에 밀가루와 물 등의 새로운 먹이를 다시 추가하여 이스트와 유산균 등을 활발하시켜 빵을 만들기에 최적화된 상태로 만든 발효 반죽을 '르방' 또는 '샤워도우' '천연발효종'이라고 한다. 보통 천연발효종은 물과 밀가루만으로 원종을 만들어 르방을 만드는 것이 전통적인 방법이지만 물에 과일을 넣고 배양한 것이 액종이고 이 액종에 밀가루를 넣어 '액종 르방'을 만들어 다양한 천연발효빵을 만들고 있다. 천연효모를 이용한 전통적인 제법이 최근 소비자들에게 새롭게 인식되고 있는 것은 역시 빵의 풍미와 향이 뛰어나고 먹었을 때 소화성이 좋다는 인식으로 천연효모를 이용한 천연발효(sour dough)빵에 대한 소비자의 관심이 증대되고 있다. 자연에서 얻은 천연효모를 이용한 빵은 작업 시간이 오래 걸리는 만큼 생산성과 경제성이 낮음에도 불구하고 최근 국내에는 천연효모를 이용한 건강빵을 만들어 낸다는 쉐프들의 자부심으로 윈도우 베이커리들이 계속 증가하고 있으며, 천연발효빵이 트렌드로 자리 잡은 시대가 왔다. 지난 몇 년 사이 천연발효빵은 몸에 좋은 '건강빵'으로 사랑을 받고 있다. 천연발효빵은 효모와 발효 미생물이 살아있는 발효종을 밀가루 반죽에 넣어 발효시킨 것으로 프랑스와 이탈리아 같은 유럽 국가, 미국 등 외국에서는 흔한 빵으로 발효빵의 역사는 이미 4000년 전부터 이어져왔다. 발효빵의 탄생은 기원전 2000년, 고대 이집트로 거슬러 올라간다. 고대 이집트인들의 벽화에는 빵을 만드는 그림이 고스란히 남아있다. 빵을 구성하는 기본 요소는 밀가루 또는 호밀가루와 물, 효모, 소금이다. 효모는 자연에서 얻지만 이를 정제해 인위적으로 대량으로 배양한 것이 현재 사용하고 있는 이스트다. 반대로 자연 상태에서 배양한 것이 흔히 말하는 천연효모다. 일정한 상태로 발효시키고 균일한 맛을 내기 위해서 손쉽게 이스트를 사용하여 만들기도 하지만 최근에는 다양한 반죽제법으로 빵을 만들 수 있다. 사워도우(sour dough)반죽을 이용하여 반죽을 부풀리는데 사워반죽의 종류는 다양하다. 폴리쉬((poolish)제법, 오토리즈(Autolyse)제법, 비가(Biga)반죽, 천연효모(르방 Levain) 등이 있다.

1 폴리쉬 제법

폴리쉬는 폴란드에서 처음 만들어진 반죽으로 빈에서 파리를 거쳐 20세기 초 프랑스 전역으로 퍼져나갔으며, 프랑스빵의 전통적인 제법이 되었다. 물과 밀가루를 1:1 비율에 이스트를 소량 넣고 짧게는 2시간 길게는 24시간 발효시킨 후 본 반죽에 넣고 다시 반죽하는 방법이다. 일반적으로 가장 많이 사용하는 방법이며, 프랑스빵, 유럽빵 스타일의 저배합 빵에 사용하면 볼륨과 빵의 풍미가 좋으며, 믹싱시간이 짧아져 좋은 결과물의 빵을 얻을 수 있다.

2 오토리즈 반죽법

오토리즈는 프랑스빵이나 유럽빵 등 저배합 빵에서는 반드시 필요한 방법 중의 하나로 프랑스의 제빵사인 레이몬드 칼벨(Raymond Calvel)에 의해서 처음으로 고안된 제법으로 영어로는 Autolyse라고 불리며, 자기 분해라는 뜻이다. 밀가루 속에 있는 효소가 전분, 단백질을 분해시켜 전분은 설탕으로 바뀌고 단백질은 글루텐으로 결성된다. 오토리즈는 물과 밀가루만 저속으로 2~3분간 믹싱 하여 최소 30분에서 최대 24시간 반죽을 수화시킨 다음에 나머지 재료를 넣고 다시 반죽하는 방법이다. 휴지하는 동안 밀가루와 물이 충분한 수화를 이루게 되며, 여기서 최대의 수율을 얻을 수 있고 그 과정에서 반죽의 신장성이 좋아져 글루텐을 활성화 하게 되어서 믹싱시간이 짧아져 무리하게 믹싱을 하지 않아도 좋은 반죽을 만들 수 있다.

③ 비가반죽

비가는 사전반죽의미로 이탈리아에서 주로 사용하는 반죽법이다. 비가는 글루텐의 탄력을 좋게 하고 빵의 풍미와 특별한 맛을 준다. 이탈리아에서 생산되는 밀은 빵을 만들기에 힘이 부족한 편이라 비가종 방법을 이용하여 반죽의 탄력을 줄 수 있다. 이탈리아에서는 반죽할 때 묵은 반죽을 가끔 사용하는데 이것을 비가라고 부르기도 한다. 일반적으로 밀가루량 대비 1~2%의 생 이스트와 60%정도의 수분으로 만든다. 적정한 실 내온도 26℃에서 10~18시간 발효시킨 후 사용한다.

④ 천연효모(Levain naturel)

천연효모에는 이스트뿐만 아니라 세균이 들어 있다. 발효력이 약하나 여러 세균의 활동으로 부산물인 유기산에 의해서 빵이 구워졌을 때 독특한 향과 특유의 신맛이 난다. 천연효모는 호밀이나 밀 등 곡물이나, 건포도나 무화과 등 과일에서 얻는다. 국내에서 흔히 사용하는 천연효모는 호밀이나 밀, 사과, 맥주, 요구르트, 건포도를 이용한 것이 많으며, 천연효모에 밀가루와 물 등을 섞어 사용하기 쉽게 배양한 것이 천연 발효종이다.

프랑스어로는 르방(levain), 영어로는 사워도(sour dough) 독일에서는 안자츠, 미국과 영국에서는 스타터 반죽이라고 한다. 사워도란 시큼한 반죽이란 뜻하며, 발효가 되어 산도가 높아지므로 빵에서 특유의 신맛이 나며, 또한 과일이나 곡물 등을 재료로 발효종을 배양해 얻은 효모를 장시간 발효시켜 만들기 때문에 소화가 잘되고 빵의 풍미를 개선할 수 있다. 사워도우(sourdough)란 쉽게 말하면 시큼한 반죽, 즉 산성반죽이란 뜻이다. 공기 중에 존재하는 효모균을 이용해 만든 발효반죽, 이 반죽의 일부를 남겨서 다음 발효반죽에 첨가하는 천연효모로 이용한다. 현재 대부분 사용하는 효모는 상업용 이스트라 불리는 것이다. 이것은 자연효모를 공장에서 분말상태로 농축한 것인 데 발효 시간을 크게 단축하고 결과를 항상 예측가능하다는 장점이 있다. 반면에 사워도우는 반죽에서 자연스럽게 효모균이 자라나 발효를 완성할 수 있도록 많이 기다려서 만들어지기 때문에 흔히 말하는 슬로우 푸드다. 그동안 상업적으로 환영받지 못하고 대중적으로 알려지지 못한 이유는 만드는 사람의 능력 즉 기술과 주변 환경에 따라 품질의 맛과 향, 부피 등 변화가 크다는 점이다. 즉 운이 나쁘면 신맛이 너무 강하고 제대로 부풀어 오르지 않는 빵을 먹을 수 있고, 만드는 과정을 이해하고 정성스럽게 제대로 구워지면 그 풍미가 매우 좋다. 발효종은 단순히 천연효모가 아니라 효모와 수많은 세균이 섞여있는 상태이다. 이 때문에 발효종으로 발효한 빵과 상업용 이스트로 발효한 빵은 풍미와 식감이 다를 수밖에 없다.

제3절 천연발효종 만들기

1 건포도 액종 만들기

재료 : 건포도200g 물 500g 설탕 15g

① 건포도를 따뜻한 물에 씻은 다음 찬물에 넣고 다시 한 번 씻어준다.

② 용기를 깨끗이 씻어서 물기가 없도록 한 다음 건포도를 용기에 담는다.

③ 물을 넣고 뚜껑을 닫아서 재료가 섞일 수 있도록 흔들어 주고 실온 26℃ 정도에서 발효시킨다.

④ 일정한 온도에서 보관하면서 하루에 두 번씩 흔들어 주어 윗면에 곰팡이 생기는 것을 방지하고 이렇게 반복하면 건포도는 위로 뜨고 색깔은 점점 갈색으로 변하게 된다.

⑤ 발효가 끝나면 깨끗한 채에 건포도를 걸러낸다. 발효기간은 여름에는 3~4일, 겨울에는 5~6일 정도 소요된다.

⑥ 건포도 액종은 다른 깨끗한 용기에 넣어 냉장고에 보관하면서 사용한다. 냉장고에서 6~7일 보관 가능하다.

1일차　　　　　　2일차　　　　　　3일차

4일차(아침)   4일차(오후)   걸러준다

깨끗한 용기에 넣어 냉장고에서 3~4일 보관 가능

2 호밀종 만들기

1) 호밀종 1일차 르방 만들기

재료 : 강력 50g, 호밀 10g, 몰트액 5g, 물 60g

① 강력분에 호밀가루 몰트액 물을 넣고 덩어리가 풀어질 정도로 섞어준다.

② 실내온도 22~24℃에서 24~26시간 발효한다.

강력분에 호밀가루, 몰트액, 물을 넣고 덩어리가 풀어질 정도로 섞어준다.

2) 호밀종 2일차 르방 만들기

재료 : 호밀종 1일차 종 125g, 강력 42g, 호밀 28g, 물 70g

① 24시간이 지나면 섬유질이 나타나며, 2일차 반죽을 한다.

② 호밀종 1일차 종에 강력 호밀 물과 덩어리 없이 잘 섞어준다.

③ 1일차보다는 조금 빠르게 발효가 진행된다.

④ 실내온도 22~24℃에서 20~23시간 발효한다.

1일차

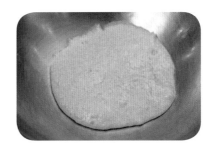

1일차 호밀종과 재료혼합

3) 호밀종 3일차 르방 만들기

재료 : 호밀종 2일차 종 265g, 강력 84g, 호밀 56g, 물 140g

① 20시간이 지나면 섬유질이 잘 형성되며, 3일차 반죽을 한다.

② 호밀종 2일차 종에 강력 호밀, 물을 넣고 덩어리 없이 잘 섞어준다.

③ 실내온도 22~24℃에서 17~20시간 발효한다.

2일차   2일차 호밀종과 재료혼합

4) 호밀종 4일차 르방 만들기

재료 : 호밀종 3일차 종 545g, 강력 168g, 호밀 112g, 물 280g

① 16시간이 지나면 섬유질이 잘 형성된 것이 보이며, 4일차 반죽을 한다.

② 호밀종 3일차 종에 강력 호밀, 물을 넣고 덩어리 없이 잘 섞어준다.

③ 실내온도 22~24℃에서 15~17시간 발효한다.

3일차

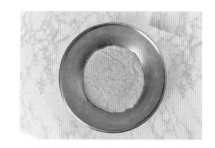

3일차 호밀종과 재료혼합

5) 호밀종 5일차 르방 만들기

재료 : 호밀종 4일차 종 1105g, 강력 330g, 호밀 220g, 물 550g

① 12시간이 지나면 섬유질이 잘 형성된 것이 보이며, 5일차 반죽을 한다.

② 호밀종 4일차 종에 강력 호밀 물을 넣고 덩어리 없이 잘 섞어준다.

③ 실내온도 22~24℃에서 발효 10~12시간 발효 후 사용 가능하다.

④ 5일간의 공정이 끝나면 냉장고에서 4일까지 보관이 가능하다.

⑤ 4일 이후에는 5일차 반죽을 리프레시하면서 계속 사용한다.

⑥ 예) 남은 반죽이 100g이면 강력분 83g, 호밀 55g, 물 138g을 사용한다.

 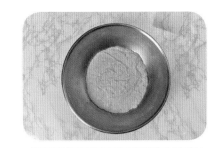

4일차   4일차 호밀종과 재료혼합

① 5일간의 공정이 끝나면 냉장고에서 4일까지 보관이 가능하다.

② 4일 이후에는 5일차 반죽을 리프레시하면서 계속 사용한다.

③ 예) 남은 반죽이 100g이면 강력분 83g, 호밀 55g, 물 138g을 사용한다.

5일차 호밀종

6) 호밀르방(액종사용) 이어가는 방법 예시

만드는 과정

① 전날 사용하고 남은 르방과 호밀가루 강력분 물을 믹서볼에 넣고 저속 2분 정도하여 섞어 주기만 한다.

② 26℃ 실온에서 섬유질이 형성되기 시작하면 표면에 호밀가루를 뿌리고 공기가 들어가지 않도록 덮어서 냉장고에 보관한다.

③ 계절에 따라서 온도차가 많이 나므로 여름에는 만들어 1시간 후에 냉장고에 넣고 겨울에는 6~7시간 봄·가을에는 3~4시간 후에 냉장고에 넣는다.

④ 계절과 날씨 온도에 따라서 섬유질 형성되는 시간이 다르기 때문에 발효상태를 눈으로 확인하고 관리해야 좋은 르방을 유지할 수 있다.

제4절 제빵의 제조공정

빵을 제조하는 순서를 공정이라 부르며, 실제 작업 시작부터 오븐에서 구워 나와 소비자에게 판매되기까지는 많은 과정을 거쳐야 하고 그에 따른 많은 시간을 소요해야만 가능하다. 다음은 제빵의 공정순서이다.

> 제빵법 결정 → 배합표 작성 → 재료계량 → 재료 전처리 → 반죽(믹싱) → 1차 발효하기 → 분할하기 → 둥글리기하기 → 중간발효하기 → 성형(정형) → 팬닝(패닝) → 2차 발효하기 → 굽기 → 냉각 → 포장

1 제빵법 결정

제빵 반죽법을 결정하는 기준은 노동력, 제조량, 기계설비, 제조시간, 판매형태, 고객의 기호도 등이다. 일반적으로 개인이 운영하는 소규모에서는 스트레이트법을 가장 많이 사용하며, 규모가 큰 대형 양산업체는 스펀지법이나 액종법을 많이 사용한다. 최근 들어 천연발효종을 사용한 빵이 인기를 얻으면서 장시간 발효하는 다양한 스펀지 발효 반죽법을 사용하고 있다.

2 배합표 작성

배합표란 빵을 만드는 데 필요한 재료량의 비율이나 무게를 숫자로 표시한 것을 말하며 레시피(Recipe)라고도 한다.

① 배합표 단위 : 배합표에 표시하는 숫자 단위는 %이다. 이것을 응용해서 g 또는 kg으로 변경하여 작성한다.

② Tree Percent(T/P) : 재료 전체의 양을 100%로 보고 각 재료가 차지하는 양을 %로 표시한다.

③ 베이커스 퍼센트(Baker's Percent)로 표시한 밀가루의 양을 100% 기준으로 하여 각 재료가 차지하는 밀가루양에 대한 비율로 계산하여 그 양을 표시한 것으로 현장에서 많이 사용하는 유익한 계산방법이다.

④ 배합량 계산법

• 각 재료의 무게(g) = 밀가루 무게(g) × 각 재료의 비율(%)

$$\cdot \text{ 밀가루의 무게(g)} = \frac{\text{밀가루 비율(\%)} \times \text{총반죽무게(g)}}{\text{총배합률(\%)}}$$

$$\cdot \text{ 총반죽무게(g)} = \frac{\text{총배합률(\%)} \times \text{밀가루 무게(g)}}{\text{밀가루 비율(\%)}}$$

3 재료 계량하기

준비한 모든 재료의 양을 배합표에 따라 정확히 계량하여 사용해야 원하는 제품을 만들 수 있다. 액체 재료는 계량컵이나 메스실린더 같은 부피측정기구를 사용한다. 빵·과자 공장에서 사용하는 저울은 대부분 전자식 저울을 사용하고 있으며, 저울 사용 시 움직임이 없고 평평한 곳에 놓은 뒤 저울의 영점을 확인한 후 재료 계량을 시작한다.

4 재료 전처리하기

① 호두, 아몬드, 피칸 등의 견과류는 오븐에 살짝 구워서 사용한다.

② 건포도, 크랜베리, 살구, 자두 등의 드라이 과일은 물이나 럼에 전처리하여 사용한다.

③ 밀가루는 체에 내리고, 유지가 단단하면 잘게 잘라서 사용한다.

5 반죽(Mixing)하기

밀가루에 물, 소금, 이스트 또는 부재료를 넣고 반죽하면 밀가루 단백질에 수분이 흡수되어 글루텐이 형성되며, 이 글루텐이 전분과 함께 빵의 골격을 만들고 발효 중에 발생되는 가스를 보유하여 빵의 맛과 모양을 유지하는 것이다.

1) 반죽의 목적

① 밀가루를 비롯한 다른 재료들을 물과 균일하게 혼합한다.

② 밀가루전분에 물을 흡수시켜 주는 수화작용을 한다.

③ 밀 단백질 중 불용성 단백질이 물과 결합하여 글루텐을 형성시킨다.

④ 글루텐을 발전시켜 반죽의 탄력성, 가소성, 점성을 최적인 상태로 형성한다.

2) 반죽의 믹싱단계

(1) 픽업단계(Pick-up stage)

밀가루와 그 밖의 가루재료가 혼합되고 수분이 흡수되는 단계로 저속으로 1~2분 한다. 보통 덴마크 타입의 데니시 페이스트리, 폴리시, 오토리즈 등 살짝 섞어놓는 반죽은 여기서 멈춘다.

(2) 클린업 단계(Clean-up stage)

중속 또는 고속으로 믹싱하여 반죽이 한 덩어리가 되어서 믹싱 볼이 깨끗한 상태가 된다. 수화가 완료되어 반죽이 다소 건조해 보이며, 반죽의 글루텐이 조금씩 형성된다. 이 단계에서 유지를 넣고(후염법일 경우도 이 단계에서 소금을 넣어준다.) 긴 시간 발효시키는 독일빵 등의 반죽은 여기서 그친다.

(3) 발전단계(Development stage)

중속 또는 고속으로 믹싱하여 반죽이 건조해지고 매끈한 상태로 되는 단계이다. 반죽의 신장성과 탄력성이 가장 큰 상태가 되며, 믹서의 에너지가 최대로 요구된다. 버라이어티 브레드, 프랑스빵, 유럽빵 반죽은 여기서 그친다.

(4) 최종단계(Final stage)

탄력성과 신장성이 최대가 되는 단계이다. 믹싱 볼에 반죽이 부딪히는 소리가 발전단계보다 약하며, 반죽이 부드럽고 윤기가 생긴다. 반죽을 떼어내 잡아 늘리면 깨끗한 글루텐 막이 형성되어 찢어지지 않고 얇게 늘어나며, 대부분의 단과자빵류와 식빵류 반죽은 여기서 멈춘다.

(5) 렛다운 단계(Let down stage)

최종단계에서 믹싱을 계속하여 글루텐 구조가 약해져 반죽의 탄력성을 상실하기 시작하고 신장성이 커져 고무줄처럼 늘어지며, 점성이 많아진다. 이 단계의 반죽을 흔히 오버믹싱(Over mixing) 반죽이라고 한다. 틀을 사용하는 빵이나 잉글리시 머핀, 햄버거 반죽은 이 단계까지 한다.

(6) 파괴단계(Break down stage)

렛다운 단계를 지나서 반죽을 계속하면 글루텐이 파괴되어 탄력성과 신장성이 전혀 없어 반죽이 힘이 없고 축 늘어지며 끊어진다. 빵을 만들어 구우면 오븐 팽창(스프링)이 되지 않아 표피와 속결이 거친 제품이 된다.

3) 반죽시간

빵 반죽으로서 적정한 상태로 만드는 데 걸리는 총시간을 말하며, 반죽하는 데 필요한 시간은 많은 변수가 따른다. 반죽의 양, 반죽기의 종류와 볼의 크기, 반죽기의 회전속도, 반죽온도 차이, 반죽의 되기, 밀가루의 종류 등에 따라서 반죽의 시간이 짧아지기도 하고 길어지기도 한다.

(1) 반죽시간에 영향을 미치는 요소

① 반죽양이 소량이고 회전속도가 빠른 경우 반죽시간이 짧다.

② 반죽온도가 높을수록 반죽시간이 짧아진다.

③ 반죽양은 많은데 회전속도가 느릴 경우 반죽시간이 길어진다.

④ 설탕양이 많은 경우 글루텐 결합을 방해하여 반죽의 신장성이 높아지고 반죽시간이 길어진다.

⑤ 탈지분유는 글루텐 형성을 늦추는 역할을 하여 반죽시간이 길어진다.

⑥ 흡수율이 높을수록 반죽시간이 짧아진다.

(2) 반죽과 흡수에 영향을 주는 요인

① 반죽온도가 높으면 수분흡수율이 감소한다.

② 밀가루 단백질의 질이 좋고 양이 많을수록 흡수율이 증가한다.

③ 반죽온도가 높으면 흡수율이 줄어든다.

④ 연수는 글루텐이 약해져서 흡수량이 감소하고 경수는 흡수율이 높다. 반죽에 적정한 물은 아경수 120~180ppm이다.

⑤ 기존 사용량보다 설탕 사용량이 5% 증가하면 흡수율이 1% 감소한다.

⑥ 유화제는 물과 기름의 결합을 가능하게 한다.

⑦ 소금과 유지는 반죽의 수화를 지연시킨다.

⑧ 스펀지법이 스트레이트법보다 흡수율이 더 낮다.

⑨ 탈지분유 1% 증가 시 흡수율도 1% 증가한다.

4) 반죽의 온도 조절

반죽온도란 반죽이 완성된 직후 온도계로 측정했을 때 나타나는 온도이며, 반죽온도에 영향을 미치는 많은 변수가 있다. 즉 밀가루 온도, 작업실 온도, 기계성능, 물의 온도 등에 따라 변한다. 그러므로 온도조절이 가장 쉬운 물로 반죽의 온도를 조절한다. 반죽온도의 고저에 따라 반죽의 상태와 발효속도가 다르다. 여름에는 차가운 물 또는 얼음물을 사용해야 하며, 겨울에는 물의 온도를 높여서 온도를 조절한다. 반죽온도는 보통 27℃가 적정하며, 이스트가 활동하는 데 가장 알맞다. 그러나 프랑스빵 또는 저배합률의 빵은 데니시 페이스트리 24℃, 퍼프 페이스트리 20℃ 등 빵의 종류와 특성에 따라 반죽의 온도가 다르다.

(1) 스트레이트법에서의 반죽온도 계산법

① **마찰계수(friction factor) 구하기** : 스트레이트법 마찰계수 = 반죽결과온도 × 3 - (실내온도 + 밀가루온도 + 수돗물온도)

② **사용할 물 온도 계산법** : 스트레이트법으로 계산된 물 온도(사용할 물 온도) = 희망온도 × 3 - (실내온도 + 밀가루온도 + 마찰계수)

(2) 스펀지법에서의 반죽온도 계산법

① **마찰계수** = 반죽결과온도 × 3 - (실내온도 + 밀가루온도 + 수돗물온도)

② **스펀지법으로 계산된 물 온도**(사용할 물 온도) = (희망온도 × 4) - (밀가루온도 + 실내온도 + 마찰계수 + 스펀지반죽온도)

③ **얼음 사용량** = $\dfrac{\text{물 사용량(수돗물온도 - 사용할 물의 온도)}}{80 + \text{수돗물온도}}$

🔟 1차 발효(First fermentation)

1차 발효는 글루텐을 최적으로 발전시켜 믹싱이 끝난 반죽을 적절한 환경에서 발효시킨다. 발효란 용액 속에서 효모, 박테리아, 곰팡이가 당류를 분해하거나 산화·환원시켜 탄산가스, 알코올, 산 등을 만드는 생화학적 변화이다. 즉 효모(이스트)가 빵 반죽 속에서 당을 분해하여 알코올과 탄산가스가 생성되고 그물망모양의 글루텐이 탄산가스를 포집하면서 반죽을 부풀리게 하는 것이다.

1) 발효의 목적

① 반죽의 팽창작용을 위함이다.

② 효소가 작용하여 부드러운 제품을 만들고 노화를 지연시킨다.

③ 발효에 의해 생성된 빵 특유의 맛과 향을 낸다.

④ 발효에 의해 생성된 아미노산, 유기산, 에스테르 등을 축적하여 빵으로서 상품성을 가진다.

⑤ 반죽의 산화를 촉진시켜 가스유지력을 좋게 한다.

2) 1차 발효상태 확인하기

① 일반적으로 처음 반죽했을 때 부피의 3~3.5배 정도 부푼 상태

② 반죽을 들어 올렸을 때 반죽발효 내부가 직물구조 형성(망상구조)

③ 반죽을 손가락으로 눌렀을 때 손자국이 그대로 있는 상태

3) 발효에 영향을 미치는 요인

① **이스트양** : 이스트의 양과 발효시간은 반비례한다.(이스트양이 많으면 발효시간은 짧아지고 이스트양이 적으면 발효시간은 길어진다.)

② 이스트가 활동하기에 최적의 온도는 24~28℃이며, 대부분의 빵 반죽온도가 이 범위에 속한다.

③ **반죽의 온도** : 온도가 낮으면 발효가 지연되고 발효시간은 연장된다.

④ 반죽온도가 높을수록 가스 유지력은 약해지고 불안정하다.

⑤ 정상범위 내 반죽온도가 0.5℃ 상승할 때마다 발효시간은 15분씩 단축된다.

7℃ 이하 ------------→ 38℃ ------------→ 63℃
　　　　　　　활성 증가　　　　　　　　활성 감소
　　효모 휴지　　　　　　활성 최대　　　　　　효모 사멸

⑥ 반죽 pH
- 발효과정에서 초산균, 유산균은 초산과 유산을 생성한다.
- 발효산물인 알코올은 유기산으로 전환하여 pH를 하강시킨다.
- 글루텐 단백질의 등전점은 pH 5.0~5.5에서 가스보유력이 최대가 된다.

⑦ 이스트 푸드 : 황산암모늄 등은 이스트에 필요한 질소를 공급하여 이스트의 활력을 증대시키고 발효를 촉진시키며, 산화제는 반죽의 단백질을 산화형태로 만들어 반죽의 탄력성과 신장성을 증대시켜 가스를 함유하는 능력을 증대 시킨다.

⑧ 삼투압
- 무기염류, 당, 가용성 물질은 삼투압을 높인다.
- 설탕을 5% 이상 사용하면 가스 발생력이 약해져 발효시간에 영향을 준다.
- 소금 표준량을 1% 이상 사용하면 이스트 작용에 영향을 준다.

⑨ 탄수화물 효소
- 이스트는 탄수화물을 이용하여 발효되어 당을 생성한다.
- 적정 탄수화물과 효소가 공존하여 발효를 촉진시킨다.
- 발효성 탄수화물(단당류) 치마아제가 CO_2와 알코올을 생성시킨다.

4) 가스보유력에 영향을 주는 다양한 요소
① 밀가루에 들어 있는 단백질의 질과 양에 따라서 가스보유력이 커진다.
② 반죽의 산화제 사용량이 적정할 때 가스보유력이 높아진다.
③ 반죽에 들어가는 유지의 양과 종류, 이스트의 양, 유제품, 달걀, 당류, 소금 등이 영향을 미친다.
④ 반죽의 산화 정도가 지나치게 낮으면 반죽의 수축으로 가스가 날아가며, 동시에 반죽이 갈라지기 때문에 가스보유력이 저하된다.
⑤ 반죽이 질면 전분의 수화에는 좋지만 효소작용이 활발하여 물리성이 저하되어 가스를 장시간 보유하기 어렵다.
⑥ 반죽의 산도가 pH 5.0~5.5 글루텐의 등전점에서 가스보유력이 최대가 된다.

7 펀치하기

펀치의 목적은 반죽을 해서 반죽의 부피가 2.5~3배로 부풀었을 때 펀치를 하여 발효 중에 발생한 가스를 빼내주고 생지의 기공을 세밀하고 균일하게 만드는 것이며, 글루텐의 조직을 자극하여 느슨해진 생지를 다시 모으고 반죽온도를 균일하게 하고 이스트 활동에 활력을 주기 위한 것이다.

1) 펀치하기의 목적 및 발효상태

① 이스트 발효에 의해 발생하는 가스를 최대로 보유할 수 있는 반죽을 만들어 양호한 기공, 조직, 껍질색, 부피를 지향하며, 제품이 완성되어 나왔을 때 뛰어난 품질을 얻기 위한 것이다.

② 발효의 상태에 따라서 직물구조가 다르게 나타난다. 발효가 부족한 경우에는 무겁고 조밀하며 저항성이 부족하고, 적정한 발효에는 부드럽고 건조하며 유연하게 신장한다. 발효과다는 거칠고 탄력이 적고 축축하다. 따라서 빵의 품질에는 발효가 매우 중요한 역할을 한다.

8 분할(Dividing)하기

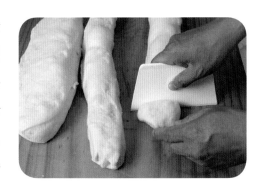

제품의 일관성을 유지하기 위해서 1차 발효가 끝난 반죽을 정해진 크기, 무게, 모양에 맞추어 반죽 생지를 나누는 공정으로 크게 사람의 손으로 하는 손 분할과 기계 분할로 나눌 수 있다. 손 분할은 기계 분할에 비하여 부드러운 반죽(진 반죽)을 다룰 수 있고, 분할속도가 느리기 때문에 인력이 많이 필요하고 주로 소규모 빵집에서는 손 분할을 한다. 기계 분할은 규모가 큰 곳 즉 호텔이나 양산업체에서 주로 사용하며, 분할속도가 빠르고, 노동력과 시간이 절약된다. 분할 중에도 발효가 계속되므로 식빵류는 20분 이내, 과자빵은 30분 이내로 빠른 시간에 끝낸다. 분할 시 주의할 점은 반죽의 무게를 정확히 해야 하며, 분할하는 동안에 반죽의 표면이 마르지 않도록 신경 쓰는 것이다.

9 둥글리기(Rounding)하기

분할한 반죽의 표면을 공 모양으로 매끄럽고 둥글게 하는 공정이다.

1) 둥글리기의 목적

① 분할로 흐트러진 글루텐의 구조를 재정돈한다.

② 연속된 표피를 형성하여 정형할 때 끈적거림을 막아준다.

③ 중간발효 중에 생성되는 이산화탄소를 보유하는 표피를 만들어준다.

④ 반죽형태를 일정한 형태로 만들어서 다음 공정인 정형을 쉽게 한다.

주의할 점은 둥글리기할 때 덧가루를 과다 사용할 경우 제품에 줄무늬가 생기거나 이음매 봉합을 방해하여 중간발효 중 벌어질 수 있다. 또한 둥글리기 형태는 만들고자 하는 제품의 모양에 따라서 원형, 타원형 등 변형된 모양으로 둥글리기하여 성형작업을 할 때 편리하게 할 수도 있다.(성형할 때 길게 만드는 빵은 타원형)

10 중간발효(Intermediate proof)

둥글리기한 반죽을 정형에 들어가기 전 휴식 또는 발효시키는 공정이다. 벤치타임(bench time) 또는 오버 헤드 프루프(over head proof)라고도 한다.

1) 중간발효의 목적

① 글루텐 조직의 구조를 재정돈하고, 가스 발생으로 유연성을 회복한다.

② 탄력성, 신장성을 확보하여 밀어 펴기 과정 중 반죽이 찢어지지 않아 다음 공정인 정형하기가 용이해진다.

③ 반죽 표면에 엷은 표피를 형성하여 끈적거림이 없도록 한다.

중간발효는 보통 분할 중량에 따라 다르나 대체로 10~20분으로 하며, 27~30℃의 온도와 70~75%의 습도가 적당하다. 작업대 위에 반죽을 올리고 실온에서 수분이 증발하지 않도록 비닐이나 젖은 헝겊 등으로 덮어서 마르지 않도록 주의한다.

11 성형(Moulding)하기

중간발효가 끝난 반죽을 밀어 펴서 일정한 모양으로 만든다. 즉 최종적인 빵의 모양을 내는 공정으로 반죽생지의 크기에 따라 가하는 힘의 세기를 조절한다. 일반적으로 하드계열 빵은 소프트 계열 빵에 비해 약한 힘으로 성형을 해준다.

1) 밀어 펴기(Sheeting)

중간발효가 끝난 반죽을 밀대나 기계로 원하는 두께와 크기로 밀어 펴서 만드는 공정이다. 매끄러운 면이 밑면이 되도록 하고 점차 얇게 밀어 펴서 반죽 내에 있는 가스를 빼준다. 너무 강하게 밀어서 반죽이 찢어지지 않도록 주의해야 하며, 덧가루를 많이 사용하면 제품 내에 줄무늬가 생기고 제품의 품질이 저하될 수 있으므로 알맞게 사용한다. 생지를 밀어서 접어 성형하는 제품은 끝부분의 이음매 부분을 잘 봉한다.

2) 말아서 만들기(Folding)

밀어 편 반죽을 원하는 각 제품형태로 균일하게 말아주는 공정이다. 충전물이 들어가는 제품은 충전물이 새지 않도록 단단하게 싸준다.

3) 이음매 봉하기

공기를 제거하고 팬의 형태에 맞도록 모양을 만들어 마지막 이음매가 벌어지지 않도록 단단하게 붙이는 공정이다. 충전물이 들어가는 제품은 충전물이 새지 않도록 단단하게 봉해준다.

12 팬에 넣기(패닝, 팬닝, Panning)

정형한 반죽을 평철판 또는 다양한 빵 틀에 넣는 공정이다. 평철판 패닝 시에는 2차 발효·굽기 과정 중에 반죽이 발효되어 달라붙지 않도록 간격 조정을 잘해서 놓는 것이 중요하다. 빵이 오븐에서 나왔을 때 붙어 있으면 상품의 가치가 없게 된다. 또한 정해진 일정한 틀에 넣을 경우 반죽이 동일하게 놓이도록

하고 이음매가 틀의 바닥에 오도록 한다. 패닝 시 팬의 온도는 49℃ 이하, 적정온도는 32℃가 가장 좋으며, 온도가 높으면 반죽이 처지는 현상이 나타나고 온도가 낮으면 반죽이 차가워져 발효가 지연된다.

1) 팬 오일

① 팬 기름은 발연점(Smoking point)이 높은 기름을 적정량만 사용한다.

② 산패에 강한 기름을 사용하여 나쁜 냄새를 방지한다.

③ 면실유, 대두유, 쇼트닝 등 식물성 기름의 혼합물을 사용한다.

④ 기름 사용량은 반죽무게에 대해 0.1~0.2% 사용한다.

⑤ 기름을 많이 사용하면 밑껍질이 두껍고 옆면이 약하게 되고 적게 사용하면 반죽이 팬에 붙어 표면이 매끄럽지 못하고 빼기가 어렵다.

⑥ 팬의 코팅 종류로는 실리콘레진, 테프론 코팅이 있으며, 이를 사용할 경우 반영구적으로 팬 기름 사용량이 크게 감소하고 작업이 간편하고 빠르다.

13 2차 발효(Second fermentation)

최종 발효로 성형과정에서 부분적으로 가스가 빠진 글루텐 조직을 회복시켜 주고 적정한 부피와 균형, 보기 좋은 외형과 풍미를 가진 품질이 우수한 빵을 얻기 위하여 이스트의 활성을 촉진시켜 완제품의 모양을 형성해 나가는 과정이다.

 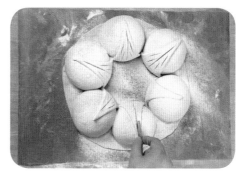

1) 2차 발효의 목적

① 온도와 습도를 조절하여 이스트의 발효작용이 왕성해지며, 빵 팽창에 충분한 CO_2가스를 생산한다.

② 성형공정을 거치는 동안 흐트러진 글루텐조직을 정돈한다.

③ 유기산이 생성되고 반죽의 pH 하강 탄력성이 없어지고 신장성을 증대시킨다.

④ 발효산물인 유기산, 알코올, 방향성 물질을 생성한다.

⑤ 2차 발효실 온도는 제품에 따라 다르나 26~38℃ 사이의 온도에서 발효시키며, 일반적으로 32~38℃, 상대습도는 75~85%에서 발효시킨다.

⑥ 소프트계열 빵으로 부드러운 식감을 주고 싶다면 약간 높은 온도에서 발효하고, 발효를 통한 풍미를 중요시하는 하드계열의 빵은 약간 낮은 온도에서 발효시킨다.

2) 제품에 따른 온도

① 발효온도에 영향을 주는 요인에는 밀가루의 질, 배합률, 유지의 특성, 반죽상태, 발효상태, 성형상태, 산화제와 개량제, 제품의 특성 등이 있다.

제품의 종류에 따른 온도와 특징

제품의 종류	온도	특징
일반 단과자빵류, 식빵류	32~38℃	반죽온도보다 높게 한다.
하스 브레드	30~32℃	프랑스빵, 독일빵 등(하드계열)
데니시 페이스트리, 크루아상	26~32℃	유지가 많은 제품 브리오슈 등
도넛 등 튀김류	30℃	건조발효 습도(60~65%)

② 2차 발효시간은 제품의 특성에 따라 다르며, 대체로 20~60분간 한다. 정해진 시간보다 눈으로 직접 보고 확인해야 하며, 부피로 판단할 경우 완제품의 70~80%나 손가락으로 눌렀을 때 자국이 남는 정도로 한다.

발효과다와 발효부족(제품의 특성에 따라 차이가 있다.)

발효과다	발효부족
일반 단과자빵류, 식빵류	반죽온도보다 높게 한다.
벌집처럼 기공이 거칠고 속결이 나쁘다.	미발효 잔류당 껍질색이 짙어진다.
잔류당 감소로 껍질색이 여리다.	옆면이 터지기 쉽다.
유기산의 과다생성으로 신 냄새가 많이 나고 향이 나쁘다.	글루텐 신장성 부족으로 제품의 부피가 작다. 제품이 딱딱하다.
과도한 오븐팽창 노화촉진 가능, 식감이 안 좋다.	윗면이 거북이 등처럼 되며, 균형이 맞지 않다.

3) 2차 발효 완료시점 판단

① 철판에 놓고 굽는 제품들은 형태, 부피감, 투명도, 촉감 등으로 판단한다.

② 처음 부피의 3~4배로 크기가 변했을 때

③ 완제품의 70~80%의 부피로 부풀었을 때

④ 반죽의 탄력성이 좋을 때

⑤ 틀 용적에 맞게 적정한(80% 정도) 부피로 올라왔을 때

14 굽기(Baking)

2차 발효가 끝난 반죽을 오븐에서 굽는 과정으로 반죽에 열을 가하여 가볍고 향이 있으며, 소화하기 쉬운 제품으로 만드는 최종의 공정으로 제빵에서 매우 중요한 과정이라 할 수 있다. 모든 공정을 마무리하고 완성품이 나와 빵의 최종적인 가치를 결정짓는다.

1) 굽기의 목적

① 빵의 껍질부분에 색깔이 나게 하여 맛과 향을 낸다.

② 전분을 호화시켜 소화하기 쉬운 빵을 만들기 위한 것이다.

③ 발효에 의해 생성된 탄산가스에 열을 가하여 팽창시킨 뒤 빵의 모양을 형성시킨다.

2) 굽기 방법

① 반죽의 배합과 사용하는 재료의 종류, 분할무게, 성형방법, 원하는 맛과 속결, 제품의 특성에 따라 오븐에서 굽는 방법이 다르다.

② 일반적으로 무겁고 부피가 큰 고율배합 빵은 175~200℃의 낮은 온도에서 장시간 굽는다.

③ 무게가 가볍고 부피가 작은 고율배합은 180~210℃의 낮은 온도에서 단시간 굽는다.

④ 일반적으로 무겁고 부피가 큰 저율배합 빵은 210~230℃의 높은 온도에서 장시간 굽는다.

⑤ 가볍고 부피가 작은 저율배합 빵은 220~250℃의 높은 온도에서 짧은 시간 굽는다.

⑥ 당 함량이 높은 과자 빵이나 4~6%의 분유를 넣은 식빵은 낮은 온도에서 굽는다.

⑦ 처음 굽기 시간의 25~30%는 반죽 속의 탄산가스가 열을 받아서 팽창하여 부피가 급격히 커지는 단계이다.

⑧ 오븐에 들어가는 팬의 종류와 반죽의 양에 따라 간격이 달라져 굽는 시간이 달라진다.

3) 오븐의 종류

오븐은 생산규모와 생산하는 제품의 종류 등 업장의 특성에 따라 다양한 오븐을 선택하여 사용한다.

① 형태에 따른 분류 : 컨벡션 오븐, 데크 오븐, 로터리 오븐, 터널 오븐 등

- 컨벡션 오븐 : 컨벡션오븐의 종류는 다양하지만 공통점은 안쪽에 팬이 달려 있고 이 팬이 전기를 사용해 열을 순환시켜 주는 역할을 하며, 열순환이 뛰어나기 때문에 베이커리 주방에서 많이 사용한다.
- 데크 오븐 : 데크오븐은 소규모 베이커리 주방에서 가장 많이 사용하는 오븐 중 하나로 위아래로 열선(히터봉)이 장착되어 있다. 데크오븐으로 구운 빵은 컨벡션오븐으로 구운 빵보다 수분의 손실이 더 작고 촉촉한 느낌을 주며, 빵의 노화가 느리다.
- 로터리 오븐 : 오븐 안에서 랙이 돌아가면서 제품을 구워내는 오븐으로 바퀴가 달린 랙에 만든 제품을 패닝하여 끼우고 로터리오븐에 통째로 밀어 넣고 열을 가하여 굽고 빼낼 수 있는 오븐이다.
- 터널 오븐 : 터널오븐은 오븐의 길이가 길며, 컨베이어 시스템으로 되어 있기 때문에 입구에서 준비된 팬을 넣으면 끝부분에서 제품이 구워져 나오는 오븐으로 피자 전문점이나 규모가 큰 베이커리 공장에서 사용한다.

② 열원에 따른 분류 : 석탄오븐, 전기오븐, 가스오븐

③ 가열방법에 따른 분류 : 직접가열식 오븐, 간접가열식 오븐

4) 굽기과정 중의 변화

(1) 오븐팽창(Oven spring)

오븐에 넣은 빵 속의 내부온도가 49℃에 도달하기까지 짧은 시간 동안 급격히 부풀어 원래 반죽 부피의 1/3 정도가 급격히 팽창(5~8분)하는데 이것을 오븐 스프링이라 한다. 오븐 열에 의해 반죽

내에 가스압과 증기압이 발달하고, 알코올 등은 79℃에서 증발하며 이스트 세포는 63℃에서 사멸한다.

(2) 오븐 라이즈(Oven rise)

반죽의 내부온도가 아직 60℃에 이르지 않은 상태로 이스트가 활동하여 가스가 만들어지므로 반죽의 부피가 조금씩 커진다.

(3) 전분의 호화

전분입자는 40℃에서 팽윤하기 시작하여 56~60℃에서 호화되며, 전분의 호화는 주로 수분과 온도에 영향을 받는다.

(4) 글루텐의 응고

글루텐 단백질은 전분입자를 함유한 세포간질을 형성하고 빵 속의 온도가 60~70℃가 되면 전분이 열 변성을 일으키기 시작하여 물이 호화하는 전분으로 이동하고 74℃ 이상에서 반고형질 구조를 형성하며, 굽기 마지막 단계까지 계속 이루어진다.

(5) 효소의 활성

전분이 호화하기 시작하면서 효소가 활동하며, 아밀라아제는 10℃ 온도상승에 따라 활성이 2배가 된다. 알파아밀라아제의 변성은 65~95℃에서 이루어지며, 베타아밀라아제의 변성은 52~72℃에서 2~5분 사이에 서서히 불활성화가 이루어진다.

(6) 캐러멜화 반응

껍질색 및 향이 생성된다. 열에 의해 당류가 갈색으로 변화되어 캐러멜화 반응이 일어나고, 빵 껍질부위에서 발달한 향이 빵 속으로 침투하여 빵에 잔류한다.

(7) 굽기 손실(Baking loss)

굽기 손실은 반죽상태에서 빵의 상태로 구워지는 동안 무게가 줄어드는 현상으로 여러 요인이 있다. 이는 배합률, 굽는 온도, 굽는 시간, 제품의 크기, 스팀분사 여부에 따라 다르다.

- 굽기 손실 = 반죽무게 − 빵무게
- 굽기 손실비율(%) = $\dfrac{반죽무게 − 빵무게}{반죽무게} \times 100$

(8) 언더 베이킹과 오버 베이킹

굽기의 실패 원인에는 여러 요인이 있다. 언더 베이킹(under baking)은 너무 높은 온도에서 구워 제대로 익지 않은 상태에서 꺼내어 수분이 많고 완전히 익지 않아서 가라앉기 쉽다. 오버 베이킹(over baking)은 너무 낮은 온도로 장시간 구운 상태로 제품에 수분이 적고 노화가 빠르다.

오븐에서 제품 굽기 실패원인 및 제품에 나타나는 결과

오븐 굽기 원인	오븐에서 나온 제품의 결과
오븐 온도가 낮은 경우	정해진 부피보다 빵의 부피가 크다.
	빵 속의 기공이 거칠다.
	굽기 손실이 발생한다.(굽는 시간 증가)
	빵의 색깔이 연하다.
	빵의 껍질이 두껍다.
오븐 온도가 높은 경우	정해진 부피보다 빵의 부피가 작다.
	껍질색이 진하다.(제품가치 하락)
	빵의 옆면이 찌그러지기 쉽다.
	식감이 바삭하다.
	굽기 손실이 적다.(굽는 시간 감소)
오븐 열의 분배가 부적절한 경우	빵이 고르게 익지 않는다.
	슬라이스할 때 빵이 찌그러지기 쉽다.
	빵의 색깔이 고르지 못하다.
	노동력이 증가한다.
증기가 너무 많은 경우	오븐 스프링을 좋게 한다.
	빵의 부피를 증가시킨다.
	질긴 껍질과 표피에 수포형성을 초래한다.
	빵의 색깔이 잘 나지 않는다.
증기가 너무 적은 경우	표피에 조개껍질 같은 균열을 형성한다.
	빵의 껍질에 광택이 없다.
	빵의 크기가 적절하지 않다.
	빵의 껍질이 두껍다.

🔢 하드계열 빵 스팀 사용

1) 스팀 사용의 목적

① 빵의 볼륨을 크게 하고 크러스트(껍질 부분)가 얇아지고 윤기가 나며, 빵 속은 부드럽고 껍질은 바삭한 느낌의 빵을 만들기 위해 사용한다.

② 반죽을 구울 때 스팀 사용은 오븐 내에 수증기를 공급하여 반죽의 오븐스프링을 돕는 역할을 한다.

2) 스팀을 주입하는 제품의 특성과 굽기 관리

① 설탕 유지가 들어가지 않거나 소량 들어가는 하드계열의 빵에 스팀을 많이 사용한다.

② 반죽 속에 유동성을 증가시킬 수 있는 설탕, 유지, 달걀 등의 재료의 비율이 낮은(저율배합) 제품에 사용된다.

③ 오븐 내에서 급격한 팽창을 일으키기에는 반죽의 유동성이 부족하므로 반죽을 오븐에 넣고 난 직후에 수분을 공급하여 표면이 마르는 시간을 늦춰 오븐스프링을 유도하는 기능을 수행한다.

④ 하드계열의 빵은 제품의 형태와 겉 부분의 껍질 특성을 살려주기 주기 위해 스팀과 높은 오븐 온도가 반드시 필요하다.

⑦ 대부분의 오븐들이 스팀 분사 능력과 굽는 온도가 동일하지 않기 때문에 사용하기 전 체크한다.

⑧ 반죽의 배합률이 낮을수록 더 높은 온도에서 굽고 배합률이 높을수록 더 낮은 온도에서 굽는다.

⑨ 제품이 작을수록 더 높은 온도에서 구워 수분손실을 최소화한다.

⑩ 굽는 온도에 변화가 있으면 굽는 시간도 그에 따라서 적절하게 조정되어야 한다.

3) 스팀 사용량 조절하기

① 스팀은 사용하기 전 미리 오븐 온도를 높여 놓아야 반죽을 넣고 바로 원하는 스팀 양을 분사할 수 있다.

② 스팀은 외부에서 유입되는 물을 끓여 놓았다가 뜨거운 수증기를 오븐 내에 분사하는 것으로 제품의 종류와 크기에 따라 다르게 분사한다.

③ 스팀은 오븐 외부의 물을 파이프를 통해 오븐 안으로 연결되어 있고 사용하기 전 물의 공급

장치 개폐여부를 미리 확인해야 한다.

16 하스(hearth) 브레드

하스란 '오븐 바닥'이란 뜻으로 반죽을 철판이나 틀을 사용하지 않고 오븐의 바닥에 직접 닿게 구운 빵을 말한다. 하스 브레드는 대부분 스팀을 사용하며, 배합은 빵의 필수재료인 밀가루, 물, 이스트, 소금으로 만들어지고 있고 필요에 따라서 부재료 달걀, 유지, 설탕이 들어가더라도 소량만 들어가는 저율배합이다. 따라서 유동성이 적고 색이 잘 나지 않기 때문에 높은 온도로 오븐 바닥에 직접 굽는다.

17 제품별 굽기 시 고려할 사항

1) 식빵류, 특수빵류

① 식빵의 종류와 배합률 크기에 따라 굽는 온도를 다르게 한다.
② 2차 발효된 빵은 충격이 가지 않도록 조심하여 오븐에 넣어야 한다.
③ 제품의 특성에 따라 윗불, 아랫불을 맞추어 예열시킨 오븐에 넣는다.
④ 오븐에 넣을 때는 일정한 간격을 유지하여 넣고 균일한 색상이 나도록 구워내야 한다.
⑤ 오븐 바닥이 돌 오븐의 경우 사용법을 익혀 특수빵류를 구워내는 방법을 숙지한다.
⑥ 구워진 빵의 알맞은 부피와 기공분포, 모양이 일정한지를 확인한다.
⑦ 하드계열의 빵은 높은 온도에서 굽기 때문에 안전에 특히 유의한다.

2) 조리빵류, 과자빵류, 데니시 페이스트리류

① 충전물을 넣거나 토핑물을 올리고 표피에 다양하게(달걀 물, 올리브오일, 우유 등) 바를 수도 있으므로 체크하고 오븐에 넣는다.
② 빵의 특성, 크기, 발효상태, 충전물, 반죽 농도에 따라 굽는 시간과 온도를 다르게 해야 한다.
③ 충전물과 토핑이 충분히 익었는지를 확인하고 충전물이 흘러내리지 않게 구워낸다.
④ 2차 발효된 빵은 충격이 가지 않도록 조심하여 오븐에 넣어야 한다.
⑤ 제품의 종류와 특성에 따라 윗불과 아랫불을 맞추어 예열시킨 오븐에 넣는다.
⑥ 일정한 간격을 유지하여 넣고 균일한 색상으로 구워내야 한다.

18 제빵·제과류, 도넛 튀기기

기름을 열전도의 매개체로 사용하여 반죽을 익혀주고 색을 내는 것을 튀기기라고 한다. 튀기기에 사용되는 기물은 작은 가스레인지나 인덕션 레인지 위에 튀김그릇을 올려 소규모로 튀기는 방식과 튀김기 기계를 사용하는 방식으로 나눌 수 있다.

1) 가스레인지를 사용하여 튀기는 방법

① 튀기기를 위한 도구(가스레인지, 튀김그릇, 나무젓가락, 튀김기름, 건지개, 종이, 글레이징 설탕, 온도계)를 준비한다.
② 가스레인지 위에 튀김그릇을 올리고 튀김기름을 붓는다.
③ 튀김그릇 옆에 필요한 도구를 준비하고 가스레인지를 켜고 제품에 맞는 온도로 기름을 가열한다.
④ 한꺼번에 너무 많은 양의 내용물을 넣으면 온도가 내려가므로 적당하게 넣고 나무젓가락으로 뒤집어가면서 튀긴다.
⑤ 다 튀겨진 제품은 종이 위에 건져 기름을 뺀다.
⑥ 충분히 식힌 후 설탕 등 다양한 글레이징을 한다.

2) 튀김기름이 갖추어야 할 요건

① 좋은 튀김기름은 부드러운 맛과 엷은 색을 띤다.
② 향이나 색이 없고 투명하며, 광택이 있고 발연점이 높아야 한다.
③ 설탕의 색깔이 변하거나 제품이 냉각되는 동안 충분히 응결되어야 한다.
④ 가열했을 때 냄새가 없고 거품의 생성이나 연기가 나지 않고 열을 잘 전달해야 한다.
⑤ 형태와 포장 면에서 사용이 쉬운 기름이 좋다.
⑥ 튀김기름은 가열했을 때 이상한 맛이나 냄새가 나지 않아야 한다.
⑦ 튀김기름에는 수분이 없고 저장성이 높아야 한다.

3) 튀기기에 적당한 온도와 시간

① 튀김기름의 표준 온도는 185~195℃이지만 튀김 제품의 종류와 크기, 모양, 튀김옷의 수분 함량 및 두께에 따라 달라진다.
② 낮은 온도에서 장시간 튀기거나 튀기는 시간이 길수록 당과 레시틴 같은 유화제가 함유된 식품의 경우 수분 증발이 일어나지 않고 기름이 많이 흡수되어 튀긴 제품이 질척해진다.

③ 기름의 온도가 너무 높으면 도넛 속이 익기 전에 겉면의 색깔이 진하게 된다.

4) 튀김기름의 적정 온도 유지하기

① 반죽의 10배 이상의 충분한 양의 기름을 사용해야 튀김 시 기름의 온도가 많이 내려가지 않는다.

② 수분 함량이 많은 반죽을 넣으면 기름 온도를 낮추므로 조금 건조한 후 튀긴다.

③ 기름에 너무 많은 반죽을 넣으면 기름 온도가 내려가므로 표면을 덮을 정도가 좋다.

5) 튀김 기름의 4대 적

온도(열), 수분(물), 공기(산소), 이물질로서 튀김기름의 가수분해나 산화를 가속시켜 산패를 가져온다.

6) 도넛 튀기기 과정

① 한 번에 너무 많은 양을 넣으면 온도 상승이 늦어져 흡유량이 늘어난다.

② 튀긴 뒤 흡수된 기름을 제거하기 위하여 반드시 기름종이를 사용한다.

③ 튀기는 제품의 크기를 작게 하여 제품 내외부의 온도 차가 크지 않게 한다.

• 발효된 반죽은 윗부분이 먼저 기름에 들어가게 하여 약 30초 정도 튀긴 후 나무젓가락으로 뒤집고, 앞뒤로 튀겨 윗면과 아랫면의 색깔을 황금갈색으로 똑같이 튀겨서 꺼낸다.

• 양쪽 면을 모두 튀기면 튀김의 가운데 부분에 흰색 띠무늬가 보여야 균형과 발효가 모두 잘 된 상태다.

⑥ 도넛을 꺼낸 후 겹쳐 놓으면 형태가 변하고 기름이 잘 빠지지 않아 상품성이 떨어지므로 잘 펼쳐서 놓는다.

⑦ 어느 정도 식힌 뒤 감독관의 요구사항에 따라 계피설탕(계피: 설탕 1: 9)에 묻혀낸다.

7) 도넛 튀길 때 주의사항

① 튀기기 전에 도넛의 표피를 약간 건조시켜 튀기면 좋다.

② 반죽의 크기 모양 형태에 따라 튀김기름의 온도와 시간을 확인하여 튀긴다.

③ 튀김기름의 산패여부를 판단하여 기름을 바꾸어야 한다.

④ 앞뒤 튀김의 색상을 황금갈색으로 균일하게 튀긴다.

⑤ 튀김기의 온도조절 방법을 숙지하고 조작기술을 익혀 안전에 유의한다.

⑥ 기름에 튀기는 제품이므로 발효실 온도와 습도를 조금 낮게 하여 발효를 실시한다.

⑦ 꽈배기, 팔자, 이중팔자 등과 같이 복잡한 성형을 거친 도넛은 일반 도넛에 비해 덧가루의 사용이 많으므로 기름에 덧가루가 혼입되는 것을 유의해야 한다.

19 다양한 익히기

1) 베이글 데치기

① 냄비에 물을 담고 가열하여 90~95℃ 정도로 가열한다.

② 베이글 반죽은 2차 발효의 온도와 습도를 일반 제품보다 조금 낮게 하므로 발효실 온도 35℃, 습도 70~80%에 맞추어 발효한다.

③ 반죽을 손으로 집어서 물에 넣고 데쳐내야 하므로 2차 발효가 많이 되면 다루기가 어려워지고 다루는 과정에서 반죽이 늘어나 가스가 빠진다.

④ 발효실에서 조금 빨리 꺼내어 실온에서 반죽의 표면에 습기가 완전히 제거될 때까지 기다리면서 발효를 완료한다.

⑤ 한 면에 10~15초 정도 호화시킨 뒤 뒤집어서 양쪽을 모두 호화시킨다.

⑥ 표면이 호화된 베이글 반죽은 물기가 빠지도록 건지개를 이용하여 철판에 옮긴 다음 오븐에 넣고 굽는다(굽는 온도 210~220℃).

2) 찐빵 찌기

(1) 찌는 온도

① 찌는 온도는 100℃이지만 푸딩과 같이 조직이 부드러운 제품은 100℃보다 낮은 온도에서 쪄야 기포가 생기지 않고 부드럽다.

② 찌는 온도를 100℃보다 낮은 온도로 조절하려면 물이 조금 끓도록 불을 약하게 하고 뚜껑을 조금 열어 수증기가 빠지게 하면 되는데 이 경우 80℃ 정도까지 낮출 수 있다.

(2) 찐빵 찌는 방법

① 가스레인지에 찜통을 올리고 물을 부은 후 가열한다. 물은 찜통의 80% 정도 채운다.

② 물이 끓어 수증기가 올라오면 뚜껑을 열고 김을 빼내 찐빵 표면에 수증기가 액화되는 것을 방지한다.

③ 발효된 찐빵을 찜통에 넣는데 부풀어 오르는 것을 감안하여 발효를 시키고 또한 충분한 간격

을 두고 넣어야 붙지 않는다.

④ 뚜껑을 덮고 반죽이 완전히 호화될 때까지 익힌다.

⑤ 다 익은 찐빵은 실온에서 충분히 식힌다.

20 빵 냉각(Bread cooling)하기

오븐에서 구운 제품은 대부분 나오자마자 바로 팬에서 분리하여 시힘으로써 제품의 온도를 낮추는 공정을 말한다.

식히는 방법은 냉각팬, 타공팬, 랙을 이용하여 실온에 두어 자연냉각을 하거나 선풍기 또는 에어컨을 이용한다. 오븐에서 바로 구워낸 뜨거운 빵은 껍질에 12%, 빵 속에 45%의 수분을 함유하고 있기 때문에 오븐에서 나온 제품을 바로 포장하면 수분 응축을 일으켜 곰팡이가 발생한다. 또한 제품의 껍질이나 속결이 연화되어 빵의 형태가 변형되고 사이즈가 큰 빵은 껍질에 주름이 생기며, 이런 현상을 방지하기 위해서 빵 속의 온도를 35~40℃, 수분함량을 38%로 낮추는 것이다.

냉각의 목적은 포장과 자르기를 용이하게 하며, 미생물의 피해를 막는 것이다. 그러나 너무 과도하게 냉각하면 제품이 건조해져서 식감이 좋지 않으며, 식히는 동안 수분이 날아감에 따라 평균 2%의 무게 감소 현상이 일어난다.

21 포장(Packing)하기

냉각된 제품을 포장지나 용기에 담는 과정으로 유통과정에서 제품의 가치와 상태를 보호하기 위해 재품의 특성과 최근 포장 트렌드, 고객의 선호도 등에 따라 포장한다. 제품의 온도는 35~40℃가 되었을 때 포장하여 미생물 증식을 최소화하고 신속한 포장으로 향이 증발되는 것을 방지하여 제품의 맛을 유지하도록 한다. 그러나 하드계열의 빵은 대부분 포장하지 않는다.

1) 포장의 목적

① 제품의 수분 증발을 방지하여 노화를 지연시킨다.

② 상품의 가치를 향상시킨다.

③ 미생물이나 유해물질로부터 보호한다.

④ 제품의 건조를 방지하여 적절한 식감을 유지한다.

2) 포장용기의 위생성 및 포장효과

① 용기나 포장지 재질에 유해물질이 있으므로 식품에 옮겨지면 안 된다.

② 용기나 포장지에서 첨가제 같은 유해물질이 나와서 식품에 옮겨지면 안 된다.

③ 포장을 했을 때 제품이 파손되지 않고 안정성이 있어야 한다.

④ 포장을 했을 때 상품가치를 높일 수 있어야 한다.

⑤ 방수성이 있고 통기성이 없어야 한다.

⑥ 많은 양의 제품포장은 기계를 사용할 수 있어야 한다.

22 빵의 노화

빵의 노화란 빵의 껍질과 속결에서 일어나는 물리적·화학적 변화로 빵 제품(전분질 식품)이 딱딱해지거나 거칠어져서 식감, 향이 좋지 않은 방향으로 악화되는 현상을 말한다. 곰팡이나 세균과 같은 미생물에 의한 변질과는 다르다.

1) 빵의 노화현상 및 원인

① 빵 속의 수분이 껍질로 이동하여 질겨지고 방향을 상실한다.

② 수분 상실로 빵 속이 굳어지고 탄력성이 없어진다.

③ 알파전분이 퇴화하여 베타 전분형태로 변한다.

④ 빵 속의 조직이 거칠고 건조하여 풍미가 없으며, 안 좋은 냄새가 난다.

노화에 영향을 미치는 요인

저장시간	빵은 오븐에서 꺼낸 직후부터 바로 노화현상이 시작된다.
	제품이 신선할수록 노화속도가 빠르게 진행된다.
	빵의 저장장소에 따라 노화속도가 달라진다.
저장온도	빵은 냉장고에 보관할 때 노화가 가장 빠르다.(0~5℃)
	빵은 냉동실 온도인 -18℃ 이하에서는 노화가 멈춘다.
	빵의 보관온도가 높으면(43℃ 이상) 노화속도는 느리지만 미생물에 의해서 변질이 진행된다.
배합률	제품에 수분이 많으면 노화가 지연된다.
	밀가루 단백질의 양과 질이 노화속도에 영향을 준다.
	펜토산은 수분보유능력이 높아 노화를 지연시킨다.

노화에 영향을 주는 재료	밀가루의 단백질과 당의 맥아는 빵 속의 신선도를 개선시킨다.
	유화제는 껍질의 신선도 개선과 빵 속의 신선도를 높인다.
	유지는 껍질의 신선도를 감소시키고 빵 속의 신선도는 높인다.
	소금은 신선도에 영향을 미치지 않는다.
	유제품은 껍질의 신선도는 개선시키나 빵 속의 신선도는 떨어뜨린다.

23 빵의 부패

부패(putrefaction)란 단백질 식품이 미생물(혐기성 세균)의 작용을 받아 분해되고 악변하는 현상으로 유기물이 부패하면 악취가 나는 가스가 발생한다. 탄수화물이 분해되는 현상이 변패, 지방이 분해되는 현상은 산패, 단백질이 분해되는 것을 부패라고 한다. 부패에 영향을 주는 요소에는 온도, 습도, 산소, 수분함량, 열 등이 있다.

빵의 노화와 부패의 차이점은 노화는 수분이 이동ㆍ발산하여 껍질이 눅눅해지고 빵 속이 푸석한 것이며, 부패는 미생물이 침입하여 단백질 성분을 파괴시켜 악취가 나는 것이다.

24 빵 제품 평가

제품 평가는 크게 외부평가, 내부평가, 식감으로 나누어 이루어진다. 외부평가는 빵의 부피(volume), 껍질색(crust color), 균형(symmetry), 내부평가는 빵의 조직(texture), 기공(grain), 내부색깔(crumb color) 등이며, 식감은 맛(taste), 향(aroma), 입안에서의 느낌(mouse feel) 등이다.

빵 제품의 평가는 다음과 같다.

① **빵의 색깔** : 오븐에서 나온 빵 제품의 껍질색은 진하거나 연하지 않은 먹음직스러운 황금갈색이 나야 하며, 윗면, 옆면, 밑면까지 색깔이 고르게 나야 한다.

② **빵의 부피** : 반죽의 무게에 맞게 전체적으로 빵의 부피가 적정해야 한다. 발효가 부족하거나 오버되면 안 된다.

③ **빵의 외부균형** : 제품의 종류에 따라 그에 맞는 모양과 크기가 일정하고 대칭을 이루어야 하며, 외부가 찌그러져 균형이 맞지 않으면 안 된다.

④ **빵의 내상** : 빵 속의 기공이 적절하게 있고 조직이 균일하고 부드러워야 한다.

⑤ **빵의 맛, 향** : 빵 특유의 은은한 향과 식감이 좋아야 한다.

2 | 실무 제과이론

제1절 제과의 다양한 반죽법

제과의 다양한 반죽하기란 대표적인 반죽형 반죽과 거품형 반죽 외에 제품의 특성에 맞게 다양한 방법으로 혼합하는 모든 반죽과 공예반죽을 말한다.

1 파이반죽 제조법

파이반죽은 크게 접기형(아래 사진 左)과 반죽형(아래 사진 右)으로 구분할 수 있다.

1) 접기형 퍼프 페이스트리 반죽(Puff Pastry dough)

파이반죽이라고도 불리는 퍼프 페이스트리는 제과영역에 포함된 제품으로 이스트를 사용하지 않고 만든다. 이스트 없이 부푸는 이유는 구울 때 반죽 사이의 유지가 높은 열에 녹아 생긴 공간이 수분의 증기압으로 부풀어오르기 때문이다. 반죽에 유지를 싸서 일정한 두께로 밀어 펴기와 접기를 반복함으로써 반죽의 층을 만들 수 있다. 좋은 층을 형성하기 위해서는 밀어 펴기 과정에서 반드시 냉장휴지를 시켜야 하며, 4회 또는 5회 접기를 하고 나서 밀어 펴서 원하는 크기만큼 자른 다음 오븐에 굽는다. 반죽을 한 번에 다 사용하지 않고 냉동실에 보관 후 필요시 해동시켜 밀어서 원하는 모양으로 자른 다음 굽는다. 매우 바삭바삭한 것이 특징이다.

퍼프 페이스트리 반죽의 온도는 20℃가 적정하며, 작업장온도가 높지 않아야 한다.(20~23℃) 또한 퍼프 페이스트리 제품은 오븐에 넣고 굽는 도중에 오븐을 열지 않도록 주의한다.

2) 반죽형 파이반죽(애플파이, 호두파이 등)

밀가루에 단단한 유지를 넣고 스크레이퍼를 사용하여 콩알만 한 크기로 자르고 물과 소금을 넣고 가볍게 반죽하여 비닐에 반죽을 싸서 냉장고에서 휴지시킨 후 작업대 위에 강력밀가루를 살짝 뿌리고 적당한 두께로 밀어서 사용하며, 주로 파이류(애플파이, 호두파이, 레몬머랭파이 등)에 사용한다.

2 슈 반죽(Choux dough)

슈 반죽 하나로 여러 가지 제품을 만들 수 있는 유용한 제품으로 슈(Choux), 에클레르(Eclair), 파리 브레스트(Parisbrest) 등을 다양하게 만들 수 있다.

슈 반죽은 물, 유지, 밀가루, 달걀, 소금을 주재료로 하며, 냄비에 물, 소금, 유지를 넣고 끓인 다음 체 친 밀가루를 넣고 나무주걱으로 저어서 전분을 호화시킨 다음 불에서 내려 달걀을 나누어 넣으면서 반죽을 완료하며, 팬에 원하는 모양으로 반죽을 짜고 오븐에 넣기 전 물을 뿌린 뒤에 넣는다.

슈 반죽의 특징은 재료 전체를 섞어서 호화시킨 후 오븐에서 굽는 것인데, 굽는 중간에 오븐을 열지 않는 것이 중요하다. 슈 반죽은 수증기압에 의해 부푸는데, 중간에 오븐을 열면 수증기압이 떨어져 모양이 주저앉기 때문이다.

3 밤과자 반죽(Chestnut pastry dough)

밤과자 반죽은 전란, 설탕, 물엿, 소금, 연유, 버터를 용기에 넣고 중탕으로 설탕과 버터를 완전히 용해시킨 후 온도를 내려 18~20℃ 정도에서 체 친 박력분과 베이킹파우더를 넣고 나무주걱으로 저어 혼합한 뒤 한 덩어리의 반죽을 만들고 여기에 흰 앙금을 넣고 밤 모양으로 만든 과자이다.

4 공예 반죽

1) 초콜릿 공예 반죽

단단한 초콜릿 공예품을 만들기 위해서는 플라스틱 초콜릿을 제조하는 방법을 이해하고 있어야 작품을 만들 수 있다. 이 반죽의 유래는 1957년 스위스 코바(Coba)학교에서 처음 만들어진 것으로 알려져 있다. 만드는 방법은 다음과 같다.

플라스틱 초콜릿(Plastic Chocolate) 제조

- 동절기 = 커버추어 초콜릿 200g, 액상포도당(물엿) 100g
- 하절기 = 커버추어 초콜릿 200g, 액상포도당(물엿) 60~70g

플라스틱 초콜릿 만드는 공정

- 초콜릿을 중탕하여 녹인다.(42~45℃)(화이트 초콜릿 : 36~38℃)
- 물엿의 온도를 42~45℃로 맞춘다.
- 초콜릿에 물엿을 넣고 가볍게 혼합한다.
- 비닐이나 용기에 담아서 포장 후 실온에서 24시간 동안 휴지 및 결정화시킨다.
- 매끄러운 상태가 될 때까지 치댄다.
- 밀폐용기에 담아서 보관한다.
- 사용할 때 치대서 다양한 모양의 초콜릿 공예를 한다.

2) 마지팬 공예 반죽

마지팬은 매우 부드럽고 색을 들이기도 쉽기 때문에 식용색소로 색을 내어 꽃, 과일, 동물 등의 여러 가지 모양으로 만든다. 특히 얇은 종이처럼 말아서 케이크에 씌우거나 가늘게 잘라서 리본이나 나비매듭 등의 여러 가지 다른 모양으로 만들기도 한다. 마지팬의 배합과 만드는 방법은 많으나 크게 2가지 종류가 있는데, 독일식 로마세 마지팬(Rohmasse-marzipan)은 설탕과 아몬드의 비율이 1:2로서 아몬드의 양이 많아 과자의 주재료 또는 부재료로써 사용된다. 프랑스식 마지팬(Marzipan)은 파트 다망드(pate d'amand)라고 하는데, 설탕과 아몬드의 비율이 2:1로서 설탕의 결합이 훨씬 치밀해 결이 곱고 색깔이 흰색에 가까워 향이나 색을 들이기 쉬워서 세공물을 만들거나 얇게 펴서 케이크 커버링에 사용한다.

로우 마지팬		마지팬	
아몬드(충분히 건조시킨 것) ……	2,000g	아몬드(충분히 건조시킨 것) ……	1,000g
가루설탕 혹은 그라뉴당 …………	1,000g	가루설탕 혹은 그라뉴당 …………	2,000g
물 ………………………	400~600ml	물 ………………………	400~600ml

※ 마지팬의 종류

마지팬도 혼당과 같이 여러 가지 부재료를 첨가하여 풍미를 변화시킬 수 있으므로 많은 종류의 마지팬을 만들 수 있다. 가장 중요한 것은 마지팬의 수분함량 조절이다.

마지팬에 풍미를 곁들이기 위해 필요한 것을 섞어 초콜릿 마지팬, 커피 마지팬 등을 만들 수 있고, 아몬드와 설탕가루를 롤러로 분쇄하는 단계에서부터 과즙을 넣고 만든 프루트 마지팬, 크림 마지팬 등이 있다. 즉, 풍미를 더하는 데 사용하는 경우 수분함량이 적으면 기본 마지팬에 섞는 것만으로 지장이 없지만, 수분이 많으면 마지팬이 너무 부드러워서 좋지 않다.

프레시 크림이나 과즙 등과 같이 풍미를 더하는 데 사용하는 경우 수분이 많으면 아몬드와 설탕 가루로 마지팬을 만들 때 필요한 물을 그만큼 줄인다.

3) 설탕공예 반죽

설탕공예란 설탕을 이용하여 다양한 방법으로 여러 가지 꽃과 동물, 과일, 카드 등의 장식물을 만드는 기술이다. 일반적으로 케이크 장식에 널리 사용되면서 설탕공예가 발달했고, 현재는 테이블 세팅, 액자, 집안을 꾸미는 소품 등으로 다양하게 활용된다. 설탕공예는 크게 프랑스식 설탕공예와 영국식 설탕공예로 나누어볼 수 있다. 설탕을 녹여서 만드는 프랑스식 설탕공예와 설탕반죽을 이용하는 영국식 설탕공예는 큰 차이가 있다. 프랑스식은 동냄비에 설탕을 끓여 만들고, 영국식은 분당, 즉 가루설탕을 주재료로 사용하는 설탕공예로 영국의 웨딩케이크 역사에서 그 유래를 찾을 수 있다. 200여 년 전부터 영국에서는 과일 케이크 시트에 마지팬을 씌우고 그 위에 설탕반죽으로 만든 여러 가지 장식물을 얹어 케이크를 아름답게 장식했다.

4) 영국식 설탕공예 기본반죽

① 슈거페이스트(Sugar Paste) : 케이크를 커버하거나 여러 가지 모형을 만들 때 사용한다. 주재료는 분당이며, 여기에 젤라틴, 물엿, 글리세린 등을 섞어서 만든다.

② 꽃 반죽(Flower Paste) : 주로 꽃을 만들 때 사용하며, 슈거페이스트와 반반씩 섞어서 여러 가지 모형을 만드는 데 사용한다. 플라워 페이스트가 있으면 여러 가지 도구를 이용하여 우리가 흔히 볼 수 있는 거의 모든 꽃을 만들 수 있다.

5) 프랑스식 설탕공예 기본기법

① 쉬크르 티레(Sucre Tirer) : 프랑스어로 티레는 잡아 늘인다는 뜻으로 즉 설탕을 녹인 뒤 치대어 반죽을 손으로 잡아 늘여서 꽃을 비롯한 다양한 모양을 만들 때 사용하는 기법이다. 동냄비에 물과 설탕을 넣고 중불에서 끓여 만든다.

② 쉬크르 수플레(Sucre Souffle) : 설탕 반죽에 공기를 주입하는 기법으로 원형이나 과일, 새, 물고기 등과 같이 볼륨감 있는 것들을 만들 때 공기를 그 속에 주입하여 모양을 잡아주는 기법이다.

③ 쉬크르 쿨레(Sucre Coule) : 설탕용액을 끓인 후 바로 준비해 둔 여러 가지 모양 틀에 부어서 굳힌 후에 사용하는 기법이다.

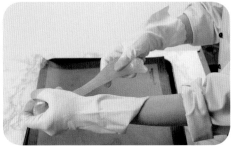

5 쿠키 반죽

한입에 먹을 수 있는 대표적인 과자가 쿠키이다. 쿠키의 어원은 네덜란드의 쿠오퀘에서 따온 말로

'작은 케이크'라는 뜻이다. 쿠키는 미국식 호칭이며, 영국에서는 비스킷, 프랑스에서는 사블레, 독일에서는 게베크 또는 테게베크(Teegebäck), 우리나라에서는 건과자라고 한다. 쿠키는 재료나 만드는 방법에 따라 여러 종류가 있다. 쿠키를 비롯하여 유럽식 과자들은 주로 식사 후의 디저트나 티타임의 간식으로 사랑받는다. 쿠키는 주로 홍차나 커피와 어울려 조화로운 맛을 내는 특성 때문에 오늘날에도 여전히 차의 파트너로 사랑받고 있다.

쿠키는 기본적으로 밀가루, 달걀, 유지, 설탕, 팽창제만 있으면 만들 수 있다. 여기에 코코아나 치즈로 풍미를 내거나 반죽에 초콜릿, 견과류, 과일 필을 섞어 구우면 종류가 무척 다양해진다. 쿠키는 제법과 반죽의 구성 성분에 따라 분류하면 짜는 쿠키, 모양 틀로 찍어내는 쿠키, 냉동쿠키로 나뉜다.

1) 제조특성에 따른 쿠키 분류

(1) 짜는 형태의 쿠키 : 드롭쿠키, 거품형 쿠키

- 달걀이 많이 들어가 반죽이 부드럽다.
- 짜낼 때 모양을 유지시키기 위해서는 반죽이 거칠면 안 되기 때문에 녹기 쉬운 분당(슈거파우더)을 사용한다.
- 반죽을 짤 때에는 크기와 모양을 균일하게 짜준다.

(2) 밀어서 찍는 형태의 쿠키 : 스냅쿠키, 쇼트브레드 쿠키

- 버터가 적고 밀가루 양이 많이 들어가는 배합이다.
- 반죽하여 냉장고에서 휴지시킨 다음 성형을 하면 작업하기가 편하다.
- 반죽은 덩어리로 뭉치기 쉬워야 하고 이것을 밀어서 여러 모양의 형틀로 찍어내어 굽는다.
- 과도한 덧가루 사용은 줄이고 반죽의 두께를 일정하게 밀어준다.

(3) 아이스박스 쿠키(냉동쿠키)

- 버터가 많고 밀가루가 적은 배합이다.
- 반죽을 냉장고에서 휴지시킨 다음 뭉쳐서 밀대모양으로 성형하여 냉동실에 넣는다.
- 실온에서 해동한 후 칼을 이용하여 일정한 두께로 자른 다음 팬에 굽는다.

2) 쿠키 구울 때 주의사항

- 쿠키는 얇고 크기가 작으므로 오븐에서 굽는 동안 수시로 색깔을 보고 확인해야 한다.
- 반죽을 오븐에 넣을 때 적정온도가 되지 않으면 바삭한 쿠키가 나오지 않는다. 오븐온도가 낮으면 수분이 한 번에 증발하지 않기 때문이다.
- 실리콘 페이퍼를 사용하면 쿠키반죽이 타지 않고 원하는 모양의 제품을 얻을 수 있다.

3) 쿠키의 기본 공정

(1) 유지 녹이기

쿠키반죽을 하기 전에 유지류는 냉장고에서 미리 꺼내 실온에서 부드럽게(손으로 눌렀을 때 자연스럽게 들어가는 정도) 해서 사용한다.

(2) 밀가루와 팽창제 체에 내리기

밀가루와 팽창제를 고운체에 내린다. 내리는 과정에서 이물질이 제거되고 밀가루 입자 사이에 공기가 들어가 바삭바삭한 쿠키를 만들 수 있다.

(3) 팬닝 준비하기

구워진 쿠키가 달라붙지 않게 오븐 팬에 버터나 코팅용 기름을 바른다.

(4) 유지 크림화하기

유지를 실온에 두어 부드럽게 한 후 볼에 넣고 크림상태로 만든다.

(5) 설탕 넣고 반죽하기

유지에 설탕을 두세 번 나누어 넣으면서 섞는다.

(6) 달걀 넣기

달걀을 조금씩 나누어 넣는다. 여러 번에 나누어 넣어야 유지와 달걀이 서로 분리되지 않고 잘 섞인다.

(7) 바닐라향 넣기

바닐라향을 넣고 고루 섞는다. 바닐라향이 달걀의 비릿한 맛을 없애고 향을 돋운다.

(8) 밀가루 넣고 섞기

체에 내린 밀가루를 넣고 밀가루가 보이지 않을 정도로 잘 섞는다. 고무주걱으로 천천히 섞어야 바삭한 쿠키가 된다.

4) 쿠키의 기본배합에 따른 분류

(1) 설탕과 유지의 비율이 같은 반죽(Pate de milan)

- 밀가루 100%, 설탕 50%, 유지 50%
- 이탈리아 밀라노풍의 반죽이라 불리는 반죽이 쿠키의 표준반죽이다.

(2) 설탕보다 유지의 비율이 높은 반죽(Pate sablee)

- 밀가루 100%, 설탕 33%, 유지 66%
- 설탕보다 유지의 양이 많은 반죽은 구운 후에 부스러지기 쉬우며 '사블레'라고도 한다.

(3) 설탕보다 유지의 비율이 낮은 반죽

- 밀가루 100%, 설탕 66%, 유지 33%
- 유지보다 설탕 함량이 많은 반죽은 구운 후에도 녹지 않은 설탕 입자 때문에 약간 딱딱하다.

6 초콜릿(Chocolate)

초콜릿의 주원료는 신의 음식이라 불리는 카카오나무의 열매다. 카카오나무 열매는 섭씨 20도 이상의 따뜻한 온도와 연 200ml 이상의 강수량이 유지되어야 하는 까다로운 성장환경을 가지고 있다. 카카오나무는 뜨거운 태양과 바람을 피하기 위해 주로 다른 나무 그늘 밑에서 자라며 100년이 넘도록 열매를 생산해 낼 수 있다. 카카오포드라고 불리는 열매 속에는 카카오빈이 들어 있는데 이 카카오빈을 갈아서 카카오버터, 카카오매스, 카카오분말 등에 다른 식품을 섞어 가공한 것을 초콜릿이라 한다.

제2절 케이크의 역사

1 케이크의 어원

케이크의 어원은 13세기경에서 찾아볼 수 있다. 〈옥스퍼드 영어사전〉에 따르면 케이크라는 단어는 고대 노르웨이어의 'kaka'에서 유래되었다. 또한 이 단어가 미국 식민지 시기의 '작은 케이크'라는 뜻의 'cookie'에서 왔다는 설도 있다.

1) 케이크의 기원

케이크의 기원은 신석기시대까지 거슬러 올라간다. 최초의 케이크는 지금 우리가 알고 있는 것과는 매우 달랐다. 그것은 밀가루에 꿀을 첨가해 단맛을 낸, 빵에 가까운 음식으로 우묵한 석기에 밀가루와 우유 등 기타 재료를 넣고 섞은 뒤 그대로 굳혀 떼어내는 방식으로 만들어졌으며, 때로는 견과류나 말린 과일이 들어가기도 했다. 이것이 바로 케이크의 시조라 할만한 음식으로 알려져 있다.

2) 케이크의 발전과정

케이크는 이집트에서 빵 굽는 기술이 등장하면서 발전하기 시작했다. 기원전 2000년경 이집트인들은 이미 이스트를 이용한 케이크를 만들기 시작했으며, 그 때문에 당시의 사람들은 이집트인들을 '빵을 먹는 사람'이라고 표현했다고 한다. 당시의 회화나 조각작품들을 보면 밀가루로 빵 반죽하고 있는 모습을 종종 볼 수 있다. 이러한 이집트의 빵 중심 식문화는 그리스, 로마로 전해져 케이크의 발전에 기여하게 된다. 그리스에서는 케이크의 종류가 100여 종에 달했으며, 로마에서는 케이크가 빵으로부터 완전히 독립되어 빵 만드는 사람과 케이크를 만드는 사람이 구분되어 각각의 전문점과 직업조합을 가지게 되었다. 우리가 알고 있는 둥글고 윗부분이 아이싱 처리된 현대 케이크의 선구자격인 케이크는 17세기 중반 유럽에서 처음으로 구워지기 시작했다. 이것은 오븐과 음식 케이크틀의 발전과 같은 기술 발전, 그리고 정제된 설탕 등의 재료 수급이 원활해진 덕분에 가능했다. 그 당시에는 케이크의 모양을 잡는 틀로 동그란 형태가 많이 쓰였으며, 이것이 현재까지 일반적인 케이크의 모양으로 굳어지게 되었다. 이때 케이크 윗부분의 모양을 내고자 하는 목적으로 설탕과 달걀흰자, 때에 따라서는 향료를 끓인 혼합물을 사용해 케이크 윗부분에 붓는 관습이 생겼는데, 이러한 재료들은 케이크 위에 부어져 오븐 속에서 다시 구워진 후에 딱딱하고 투명한 얼음처럼 변했기 때문에 이를 '아이싱'이라 부르게 되었다. 19세기에 들어와서 이스트 대신 베이킹파우더와 정제된 하얀 밀가루를 넣은, 우리가 알고 있는 현대적 케이크가 만들어지기 시작했다.

3) 한국의 케이크 역사

한국을 비롯한 동양권에서는 케이크의 기원이라 할만한 음식을 찾아보기 힘들다. 밀가루가 주식인 유럽에서 일찍이 케이크 문화가 발달한 것과 달리 한국과 중국, 일본 등의 동양에서는 쌀을 주식으로 해왔기 때문이다. 한국에 케이크나 빵의 개념이 소개된 것은 일제 강점기부터이다. 구한말 선교사들에 의해 서양의 과자가 소개되었고 오븐을 대신하기 위해 숯불을 피운 뒤 그 위에 시루를 엎고 그 위에 빵 반죽을 올려놓은 다음 뚜껑을 덮어 구웠다고 한다. 이후 일본인들에 의해 빵 제조업소가 국내에서 생산판매하였으나 기술적인 면에서 제대로 전수되지 못하고 제과, 제빵 재료면에서도 어려운 상황이 계속되어 왔다. 그러다가 1970년대 초에 이르러 적극적인 분식장려정책에 의해 급속한 빵류의 소비증가로 양산체제를 갖춘 제과회사가 생겨났다. 한국 최초의 서양식 제과점은 일제 강점기 시절 군산에 오픈한 '이성당(李盛堂)'으로 알려져 있다. 이성당은 1920년대 일본인이 운영하던 "이즈모야'라는 화과점이 해방 직후 한국인 이씨에게 넘겨져 이성당으로 가게 명칭을 변경해 현재까지 운영되고 있다.

4) 케이크의 개념

제과와 제빵을 구분하는 기준은 이스트 사용 유무, 설탕 사용량, 밀가루의 종류, 반죽상태 등이 있는데 가장 중요한 기준은 이스트 사용 유무이다.

가장 기본적으로 케이크란 설탕, 달걀, 밀가루 또는 전분, 버터 또는 마가린, 우유, 크림, 생크림, 양주류, 레몬, 초콜릿, 커피, 과일, 향료 등의 재료를 적절히 혼합하여 구운 서양과자의 총칭이다.

케이크는 슈(choux), 타틀렛(tartlet) 같은 소형과자에서부터 대형과자, 뷔슈 드 노엘 등이 제과영역에 해당된다. 이밖에도 초콜릿 제품, 크림류, 냉과류, 소스류, 공예과자 등 빵류를 제외한 대부분이 포함된다. 케이크는 밀가루, 설탕, 달걀, 베이킹파우더, 버터 등이 기본 재료로 구성된 반죽을 틀에 붓고 오븐에 구워 만드는데 이때 만들고자 하는 케이크 종류에 따라 반죽 재료의 구성 비율이나 새로운 재료가 추가되고 굽는 방법도 달라진다. 구워진 케이크에 버터크림, 생크림 등의 크림을 바르고 케이크 표면을 매끄럽게 마무리하는 아이싱 과정과 다양한 모양의 장식물로 개성 있게 꾸미는 데코레이션 과정을 거쳐 맛과 형태가 다른 많은 종류의 케이크를 만든다.

케이크 중 가장 먼저 만들어진 제품은 파운드 케이크로 알려져 있으며, 영국에서 처음 만들 때 설탕, 버터, 밀가루, 달걀을 각각 1파운드씩 사용하여 만든 전통적인 케이크다. 유지의 공기포집 능력을 이용한 대표적인 반죽형 케이크로 최근에는 크기와 맛의 변화를 위하여 다양한 재료와 배합률을 변경하고 여러 가지 견과류, 과일, 향, 베이킹파우더, 커피 등을 넣고 과일 파운드 케이크, 커피 파운드 케이크, 호두 파운드 케이크 등 종류가 매우 다양하다.

제3절 디저트의 개념 및 분류

1 디저트의 개념

디저트란 음식을 먹고 난 뒤 마지막으로 입가심으로 먹는 것으로 단 음식을 말하지만 치즈와 같은 향이 있는 음식도 포함된다. 어원은 프랑스어 'desservir'에서 왔으며 '식사를 끝마치다' 다른 표현으로는 '식탁 위를 치우다' 라는 의미를 가지고 있다

프랑스에서는 후식을 데세르(desserts) 또는 앙트르메(entremets)라고 부르며 원래 정식식사에서 요리 사이에 제공하는 음식이었으나 현재는 식사 후에 제공하는 음식을 의미한다.

16세기는 프랑스에서 권력과 부를 가진 사람들에 의해서 식탁 위에 잘 차려진 요리들을 즐기기 시작하였고 이로 인해 디저트 또한 보다 사치스럽고 시각적인 것으로 발전하였다 따라서 마지막에 나오는 음식인 디저트는 자연스럽게 그날의 만찬을 마무리하는 최고의 요리로 변화되었다. 당시 전통적으로 큰 행사를 치르던 행사에서 다섯 가지 코스요리가 제공 되었는데 그중에서 다섯 번째 나오는 마지막 코스가 가장 화려하고 장대하면서도 우아한 요리인 디저트로 제공되었다.

17세기에 들어와 디저트 구성이 전보다 더 화려해졌으며, 향과 꽃으로 장식을 활용해 조금 더 진보하는 방향으로 흘러가게 되었다. 이 당시에 나타난 디저트 요리는 아몬드 마지팬, 누가머랭, 과일을 쌓아 올린 피라미드, 비스켓류, 각종버터크림, 오렌지향을 섞은 사탕, 설탕을 얇게 입힌 견과류 마롱글라세 등으로 매우 풍성하고 단맛이 강하며 방향성이 짙은 것 이 특징이라고 말할 수 있다. 17세기 말에는 파티스리들이 정점을 달했다고 말할 수 있는 시기로써 아이스크림의 등장과 비누와즈, 제누와즈, 슈반죽, 머랭, 봄브등 기본반죽과 기본크림들을 응용한 파티스리가 속속 선 보여졌다.

20세기에 접어들면서 식품산업의 발달로 대량 생산이 가능한 공장형 디저트가 등장하면서 인스턴트 디저트라는 단어가 생겼으며 산업형의 디저트시대를 맞이하게 되었다. 재료들을 분말형식으로

만들어 물이나 우유 또는 다른 종류의 수분을 첨가하여 잘 혼합시켜 오븐에 익히기 만하면 여러 번에 작업을 한번이나 두 번의 작업으로 손쉽게 플랑종류나 향까지 나는 앙트르메 등 여러 디저트를 만들 수 있게 되었다.

주로 디저트는 일반적으로 식후에 간단하고 먹는 음식으로 인식되어 있지만 최근에 들어서는 꼭 식후에 먹는 음식이 아닌 식전과 식후에도 가볍게 먹는 음식으로 디저트의 정의를 바꾸고 있는 추세이다. 가까운 일본 같은 경우에는 오래전부터 음식문화에서 디저트가 주 요리로 자리 잡고 있으며 한 끼 식사에서 빠질 수 없는 코스로 보편적으로 자리 잡혀 있다.

또한 홍콩도 영국의 신민지 역사가 깊은 만큼 한 끼 식사에 디저트가 주요리로 자리 잡고 있다. 다시 가까운 일본의 디저트 문화를 보았을 때 일본은 디저트의 테마공원이 있을 정도이고 일본의 전통디저트인 모찌, 화과자, 엽차 등 전통디저트를 차 와함께 먹는 문화가 예전부터 대중화 되었고 프랑스 과자 및 디저트가 발달 되었다. 김정훈. (2020). "디저트전문점의 제품선택속성이 소비자행동도에 미치는 영향: 식생활 라이프스타일의 조절효과" 한성대학교 경영대학원 석사학위논문.

2 디저트의 분류

디저트 분류는 크게 과일을 이용한 차가운 앙뜨레메(Entremets aux Fruit Froids), 과일을 이용한 더운 앙뜨레메(Entremets aux Fruit Chauds), 찬 앙뜨레메(Entremets Froids), 더운 앙뜨레메(Entremets Chauds), 아이스크림 즉 얼린 앙뜨레메(Glaces)로 나눌 수 있다.

1) 더운 디저트(Hot Dessert, Entremets Chauds)

더운 디저트는 조리방법에 따라 다음과 같은 조리법이 있다. 즉 오븐에 굽는 법, 더운 물 또는 우유에 삶아내는 법, 기름에 튀겨 내는 법, 팬에 익혀내는 법, 알코올을 이용한 플랑베(Flambees)하는 법 등이 있다.

(1) 플랑베(Flambees)

과일을 주재료로 해서 뜨겁게 만들어지는 것을 앙뜨레메라 하는데, 과일에 설탕, 버터, 과일 주스, 리큐르 등으로 조리하는 것이다. 뜨거운 것과 찬 것을 조화시켜 손님 앞에서 직접 만드는 것으로 대부분 럼주를 따뜻하게 데워 그 위에 뿌리면서 프라이팬을 기울여 아래 부분에 대면 불꽃이 올라붙는다. 바나나 플랑베, 피치 플랑베, 파인애플 플랑베, 체리 플랑베 등이 있다.

(2) 그라탱(Gratin)

소스나 파이 반죽, 스플레 반죽으로 덮은 재료를 그 표면에 피막이 생길 때까지 오븐에서 구운 뜨거운 디저트를 그라탱이라고 하며, 보통 주재료인 과일을 올려놓고 그 위에 이태리식 소스인 사바용 소스(sabayon Sauce)를 올려 오븐에 구워 낸다. 그 위에 아이스크림 또는 셔벗을 올려 제공되기도 한다. 종류로는 로얄 그라탱, 과일 그라탱 등이 있다.

(3) 체리 쥬비리(Cherry Jubilee)

체리를 이용하여 만든 디저트로 설탕, 버터, 체리 주스 ,오렌지 주스, 리큐르 등을 사용하여 고객 앞에서 직접 플랑베 서비스한다. 고객에게 제공될 때는 바닐라 아이스크림과 함께 제공한다.

2) 차가운 디저트(Cold Dessert, Entremets Froids)

찬 상태 디저트(cold dessert) 로 푸딩, 무스, 아이스크림, 파르페, 과일, 셔벗, 젤리 등으로 나누어 볼 수 있다.

(1) 푸딩(Pudding)

푸딩은 커스터드 푸딩, 라이스 푸딩, 브레드 푸딩, 크리스마스 푸딩 등이 있다. 우유, 달걀, 설탕 등을 이용하며 만든 푸딩은 대부분 오븐에 넣을 때 팬에 물을 넣고 중탕으로 해서 굽는 것이 일반적이며, 구운 푸딩은 따뜻하고 다양한 소스와 함께 먹는다.

(2) 무스(Mousse)

무스란 '어떤 액체 위에 생기는 거품, 생크림과 흰자로 만든 디저트 또는 앙트르메'를 무스라고 한다. 즉 무스란 강하게 거품을 올린 머랭과 생크림을 주재료로 하여 거품과 같이 가볍게 부풀어 오른 크림 또는 이러한 크림으로 마무리한 과자로 정의할 수 있다. 무스의 종류에는 초콜릿 무스, 딸기 무스, 메론 무스, 진저 무스, 복숭아 무스, 캐러멜 무스 등이 있다. 무스는 현대 양과자 중에서 가장 기본이 되는 냉과류이다. 기본 방법은 크게 세 가지로 나누어 볼 수 있다. 첫째는 노른자와 설탕을 기본 바탕으로 하는 무스로 우유, 과즙이 주요 수분 재료이며, 양주도 많이 쓰인다. 둘째는 흰자와 크림의 거품을 기본 바탕으로 과일을 필수적으로 사용하는 것이고, 셋째는 초콜릿을 기본 바탕으로 크림, 흰자, 노른자 등의 거품을 섞는 초콜릿 무스가 있다.

(3) 젤리(Jelly)

젤리는 일반적으로 설탕 또는 설탕용액에 응고제를 넣고 냉각시켜 굳힌 부드러운 과자를 말한다. 응고제의 종류에 따라 젤라틴 젤리, 펙틴 젤리, 한천 젤리, 와인 젤리, 과일 젤리, 샴페인 젤리 등이 있다.

(4) 아이스 수플레(Ice Souffle)

아이스 수플레는 두 가지 형이 있는데, 하나는 크림 앙글레이저와 생크림을 섞어 얼린 것이고 다른 하나는 이탈리안 머랭에 과즙과 생크림을 섞은 것이다.

종류로는 아이스 레몬 수플레, 아이스 오렌지 수플레, 아이스 산딸기 수플레 등이 있다.

(5) 파르페(Parfait)

노른자에 시럽을 더하고, 거품 올린 생크림과 양주 등을 섞은 고급 크림 반죽을 틀에 넣어 동결시켜 만든다.

파르페의 종류로는 바닐라 파르페, 초콜릿 파르페, 커피 파르페, 녹차 파르페, 프랄린 파르페 등이 있다.

3) 과일 디저트(Fruit Dessert)

최근 고객들이 건강에 대한 관심이 높아지면서 설탕과 유지가 많이 함유된 디저트보다 칼로리가 낮고 유지류가 적게 함유된 디저트를 선호함에 따라 과일은 그 자체만으로도 충분히 매력적인 디저트가 된다. 코스요리가 끝난 후 마지막에 디저트로 제공되는 과일 한 조각은 고객들에게 상쾌한 맛을 느끼게 해준다. 하지만 과일을 조금만 변화시켜 시럽에 조리거나 크림을 바르거나 소스와 함께 제공할 때 고객은 더 만족스러운 디저트를 맛볼 수 있다.

(1) 베니네트(Beignets)

영어로 프리터(Fritters)라고 하며 가장 쉽게 표현하면, 과일을 반죽에 싸서 기름에 튀겨내는 것을 앙트르메라고 한다. 고객에게 서비스를 제공할 때 윗면에 슈거파우더를 뿌리고 바닐라 소스를 곁들인다.

많이 사용되는 과일로는 파인애플, 사과, 배, 복숭아 등이 있다.

(2) 콩포트(Compote)

콩포트란 간단하게 정의하면 시럽에 익힌 과일을 말한다. 바닐라 빈, 시나몬 같은 향신료와 오렌지 껍질 또는 레몬껍질, 설탕을 넣고 만든 시럽에 과일을 넣고 삶아 식힌 것이다. 콩포트는 디저트로 제공되기도 하고 케이크 속에 다져서 넣거나 타르트 속에 충전물로 사용하기도 하며, 호텔에서는 아침식사, 연회행사에도 제공된다.

(3) 마멀레이드(Mamelade)

오렌지나 레몬과 같은 감귤류의 과육과 과피를 설탕에 조려서 만든, 쓴맛과 신맛이 나는 잼의 하나이다. 감귤류 껍질 속의 펙틴질이 점성도를 내는 데 중요한 구실을 하므로, 펙틴의 양이 적을 때는 펙틴 파우더 등을 첨가하기도 한다.

흰 부분을 많이 쓰면 신맛과 쓴맛이 강한 마멀레이드가 되고, 껍질을 많이 사용하면 신맛이나 쓴맛이 적고 단맛이 강하며, 젤리부분의 투명도가 높을수록 좋은 제품이다. 산이 들어 있고 당분이 많기 때문에 오래 보존할 수 있고, 토스트 등에 발라서 먹는 외에, 각종 과자류를 만들 때 부재료로 많이 사용한다.

4) 얼린 디저트(Les Glaces Dessert)

(1) 아이스크림(Ice Cream)과 샤벳(Sherbet)

아이스크림은 고대의 알렉산더 대왕이 눈에 우유와 꿀을 섞어서 먹은 것을 그 기원으로 보고 있으나 이 시대에 섭취하였던 아이스크림은 현대의 샤베트와 유사하였을 것으로 추정하고 있다.

아이스크림은 16세기 문예부흥 시기에 이탈리아에서 시작되었다고 하지만, 찬 음식을 찾는 것은 인간의 본래 욕구로서 고대 시대부터 자연의 얼음이나 눈을 이용하여 식품을 차게 만들어 먹는 방법에서 시작되었다.

아이스크림에 대한 최초의 증거는 중국 당나라 때(AD 618~907) 들소, 소, 염소의 젖을 가열한 후 발효시킨 요구르트에 밀가루를 혼합하여 굳히고 향료를 가한 다음 냉각시켜서 제공한 것이 문헌으로 남아있다.

오늘날의 아이스크림은 1774년 프랑스 루이 황가의 요리장에서 시작되었으며, 1776년부터 현재와 같이 얼음 결정이 곱고 단맛이 나는 제품을 개발한 것으로 알려진다. 처음에는 크림에 달걀노른자, 감미료를 교반하여 냉각시켜 만들었기 때문에 크림 아이스라 불렀지만, 이후에 크림 외에 농축 유, 연유, 분유 등을 사용하여 다양화시키면서 아이스크림이라 부르게 되었다.

우리나라는 해방 이후부터 현재와 같은 아이스크림 형태로 생산이 발전되었으며, 1962년 일동 산업에서 일본기술과 제휴하여 국내 최초로 아이스크림을 대향 생산하게 된 것이 아이스크림 산업의 시작이었다.

아이스크림과 샤벳이 다른 점은 계란과 유지방의 사용 여부에 있다. 샤벳은 설탕, 물, 과일, 산, 과실 및 과실향료, 안정제를 주원료로 사용하여 냉동시킨 제품으로 진한 품미보다는 청량감을 우선으로 한다. 또한 아이스크림보다 부드럽고 가벼우며 당도는 18~26Brix를 기준으로 하고 있다. (장민정(2012).“브랜드이미지 강화를 위한 패밀리 룩 도입 패키지디자인에 관한 연구: 제과업계의 아이스크림류 제품을 중심으로”. 숙명여자대학교 대학원 석사학위 논문 / 이형재(2012).“참취 즙액을 첨가하여 항산화능이 강화된 샤벳의 품질 특성)

아이스크림 규격 및 기준

성분 \ 종류	유지방	무지유 고형분	기타
아이스크림	6% 이상	10% 이상	일반세균 10만 이하/ml
아이스밀크	2% 이상	5% 이상	일반세균 4만 이하/ml 대장균군 10 이하/ml
비유지방 아이스크림	5% 이상 (식물성유지포함)	5% 이상	일반세균 5만 이하/ml 대장균군 10 이하/ml
샤벳		2% 이상	
빙과			일반세균 3,000 이하/ml 대장균군 10 이하/ml

심소라(2020).“시중 유통되는 아이스크림 제품류의 조지방과 콜레스테롤 함량 및 지방산조정 분석”. 대구대학교 교육대학원 석사학위 논문

3 디저트의 디자인 구성요소

1) 디자인의 구성요소

디자인의 구성요소에는 개념요소와 시각요소, 상관요소, 실제요소가 있다.

(1) 개념요소

실제로 존재하지 않으나 존재히는 것처럼 정의된 요소이며, 점, 선, 면, 입체가 이에 해당한다.

(2) 시각요소

점, 선, 면 등 실제로 존재하지 않는 요소들을 가시적으로 표현했을 때 나타나는 요소들이다. 실제로 볼 수 있고 느낄 수 있는 요소로 형태, 크기, 색채, 질감 등이 있다.

(3) 상관요소

각각의 개별적 요소들이 서로 유기적 상관관계를 이루어 상호작용을 함으로써 나타나는 느낌이다. 상관요소에는 방향감과 위치감, 공간감, 중량감이 있다.

(4) 실제요소

디자인의 내용과 범위를 포괄하는 요소로 디자인의 고유 목적을 충족시키기 위해 존재하는 요소이다. 질감 표현을 위한 재료, 의미에 맞는 색상, 디자인 목적에 적합한 기능, 메시지 전달을 위한 상징물 등이 실제적 요소이다.

2) 디자인의 구성 원리

디자인의 구성요소들을 어떻게 활용하느냐에 따라서 디자인의 품질은 달라진다. 디자인의 구성 원리에는 조화, 균형, 비례, 율동, 강조, 통일이 있다.

(1) 조화(Harmony)

둘 이상의 요소가 결합하여 통일된 전체로서 각 요소마다 더 높은 의미와 미적 효과를 나타내는 것이다.

요소끼리 분리되거나 배척하지 않고 질서를 유지함으로써 달성할 수 있다. 조화에는 유사조화, 대비조화가 있다.

(2) 균형(Balance)

요소들의 구성에 있어 가장 안정적인 원리이다. 형태와 색채 등의 각 구성요소의 배치 방법에 따라 대칭과 비대칭 균형으로 나눈다.

(3) 비례(Proportion)

신비로운 기하학적 미의 법칙으로 고대 건축에서부터 많이 활용되어 왔다. 서로 다른 사물들이 디자인 요소로 사용될 때 그 요소들의 상대적인 크기로서 비교되는 균형의 미를 나타낸다.

(4) 율동(Rhythm)

같거나 비슷한 요소들이 일정한 규칙으로 반복되거나, 일정한 변화를 주어 시각적으로 동적인 느낌을 갖게 하는 요소이다.

(5) 강조(Emphasis)

특정 부분에 변화를 주어 시각적 집중성을 갖게 하거나 강한 인상을 주기 위한 방식이다. 형태의 느낌을 강하게 표현하기 위해 사물의 특성을 간결하게 변형하여 나타내기도 하고 시선을 한곳으로 모으는 초점(focal point)기법을 사용하기도 한다.

(6) 통일(Unity)

디자인이 갖고 있는 요소들 속에 어떤 조화나 일치가 존재하고 있음을 의미한다. 디자인의 모든 부분이 서로 유기적으로 적절히 연결되어 부분보다는 전체가 두드러져 보일 때 통일감을 느낄 수 있다.

3) 색채의 기본과 활용

모든 디자인에 있어서 형태와 색은 가장 중요한 요소이다. 사람의 시각을 가장 자극하는 것은 생체적 요소이며, 점, 선, 면, 입체 등의 요소들도 색상에 따라 그 느낌이 달라질 수 있다.

색의 혼합을 통해 여러 가지 다른 색을 만들 수 있는 세 가지 색을 말한다. 가산혼합의 3원색은 빨강(Red), 초록(Green), 파랑(Blue)이며, 감산혼합의 3원색은 사이안(Cyan), 마젠타(Magenta), 옐로(Yellow)이다.

(1) 색의 분류

① 기본색

- 색의 3원색(감산혼합): 사이안(Cyan), 마젠타(Magenta), 옐로(Yellow)
- 빛의 3원색(가산혼합): 빨강(Red), 초록(Green), 파랑(Blue)

② 유채색 : 무채색 이외의 모든 색을 말한다. 빨강, 주황, 노랑, 녹색, 파랑, 남색, 보라 등의 무지개 색과 이들의 혼합에서 나오는 모든 색이 포함된다. 색상가 명도, 채도를 가지며 빨강, 파랑, 노랑과 같이 더 이상 쪼갤 수 없는 색을 원색, 동일 색상 중에서 무채색이 섞이지 않은 순수한 색을 순색이라 한다.

③ 무채색

색상과 채도 없이 오직 명도만 가진 색을 말한다. 흰색, 검정색, 회색이 이에 속한다.

(2) 색의 속성

① 색상

색의 차이를 나타내는 말로 빨강, 파랑, 노랑 등 색의 이름을 구별한다.

- 1차색: 빨강, 파랑, 노랑
- 2차색: 주황, 녹색, 보라
- 3차색: 귤색, 다홍, 자주, 남색, 청록, 연두

② 채도 : 색의 선명한 정도를 나타낸다. 채도가 높을수록 색의 강도는 강하고 채도가 낮을수록 색의 강도는 약해진다. 채도가 아주 낮아지면 나중에는 흰색이나 회색, 검정 등의 무채색이 된다.

③ 명도 : 색의 밝기를 원한다. 명도가 가장 높은 색은 흰색이고 가장 낮은 색은 검정이다. 유채색과 무채색 모두 명도를 가진다.

④ 톤 : 명도와 채도에 따라 결정되는 색의 느낌을 말한다. 명암, 농담, 경중, 화려함, 수수함 등 색감이 정도를 나타낸다.

(3) 색의 이미지

색채에는 사람의 감정을 자극하는 효과가 있다. 색에서 받는 느낌은 색에 따라 다르며, 이를 적절히 활용함으로써 디자인의 효과를 더욱 배가시킬 수 있다.

① 색의 감정적 효과 : 온도감, 중량감, 강약감, 경연감을 나타낸다.

② 색의 공감각 : 색의 다른 감각기관인 미각, 후각, 청각 등을 같이 느끼게 하는데 이것을 색의 공감각이라 한다. 여기에는 미각, 후각, 청각, 촉각, 계절감을 느낄 수 있다.

4 디저트 플레이팅

1) 플레이팅(Plating)의 개념

플레이팅은 사전적 의미로 얇은 금속을 장식적 수단으로 입혀 마무리하는 것이지만, 보통은 "음식을 아름답게 접시 위에 놓는다"는 뜻의 용어로도 쓰인다. 접시를 하나의 캔버스라고 여기고 그 위에 음식과 각종 아름다운 재료와 소스를 곁들여 꾸며놓는 것을 일컫는데 플레이팅의 기본 원리는 디자인적인 부분이 바탕이 된다.

디자인이라고 하면 단순하게 "겉면을 장식하는 것" 또는 "의장이나 도안" 정도로 생각하는 경우가 많은데 본래의 의미는 라틴어 "Designate"로 "계획을 기호로 표시하다"라는 의미이다. 즉, 넓은 의미로는 "아직 존재하지 않은 것을 완성하기 위한 계획을 표현하는 것"을 말한다.

이것은 요리와 연결되는데, 접시에 음식을 아름답게 장식하고 즐거운 분위기를 만드는 데 일조하며, 먹는 사람이 맛있게 먹고 행복해지는 요리를 만들기 위해 요리의 모든 요소를 종합적으로 고려하는 것이 요리를 만드는 사람의 목적이자 임무이다.

음식이라도 푸드스타일링의 유무에 따라 푸드가치(food value)가 다르게 나타나며 요리를 효과적으로 담는 것이 중요한 업무로 자리 잡게 된 것이다.

2) 플레이팅(dessert plating) 디자인 요소

디저트 플레이팅(dessert plating)은 디저트를 만들기 전에 이미 어떻게 할 것인가를 생각하고 준비하기 때문에 플레이트를 갖다놓고 두세 번의 교정을 통해서 한 가지 이상의 재료를 접시에 놓는 것이다. 대부분 디저트 플레이트에 놓을 것을 준비해놓고 마지막에 조합을 해서 고객에게 제공한다. 디저트를 완성하기 위해서는 3가지 요소가 있는데, 첫째 주재료(main item), 둘째는 장식(garnish), 셋째 소스(sauce), 넷째 푸드 디쉬(food dish)이며 마지막으로 다섯 번째, 디자인 이미지가 앞의 요소와 잘 어우러져야 완벽한 디저트 플레이팅을 완성할 수 있다.

(1) 주재료(Main Item)

대부분 디저트에 장식을 하지만 케이크 한 조각, 타르트 하나, 파이 한 조각, 과일 등 그 자체만으로도 디저트가 될 수 있으며, 이것을 디저트 플레이트에 놓고자 할 때는 그 제품에 대한 특성이 있어야 한다. 특유의 풍미가 가득하고, 먹을 때 느끼는 식감이 좋아야 한다. 더운 디저트인지 차가운 디저트인지 입 안에서 확실한 온도 차이를 느껴야 한다. 또한 제품의 컬러도 매우 중요하다. 화려한 색체는 아름답게 보일 수도 있지만 너무 지나치게 강하면 고객들에게 반감을 살 수 있으며, 뭔가 다른 모양의 형태는 고객에게 좋은 호감을 줄 수 있다.

(2) 장식(Garnish)

디저트 플레이트에 주재료 하나만 놓으면 무엇인가 부족한 느낌이 있기 때문에 한두 가지의 장식물을 놓는다. 중요한 것은 놓는 장식물은 반드시 먹을 수 있어야 하며, 주재료와 조화를 이루어야 한다. 장식을 위해 사용하는 재료는 다음과 같은 것을 이용하여 완성 할 수 있다. 과일, 아이스크림, 셔벗, 초콜릿, 튀일, 설탕공예, 생크림, 작고 예쁜 다양한 쿠키, 생크림, 애플민트, 식용 꽃 등이 그것이다.

(3) 소스(Sauce)

최근 디저트는 무엇보다도 중요한 코스로 자리 잡고 있다. 디저트의 다양화, 고급화에 따른 맛의 균형 및 색의 조화와 환상적인 맛을 내기 위한 요소로서 소스의 역할은 점점 중요시되고 있다. 디저트용 소스는 디저트의 단맛을 내기 위한 소스이다. 소스를 재료별로 구분하면 크림 소스와 리큐르 소스로 분류할 수 있다. 종류로는 산딸기 소스, 앙그레이즈 소스, 블루베리 소스, 오렌지 소스, 망고 소스 등이 있다. 소스를 만들 때 과일의 단맛, 신맛, 과일 향 등이 그대로 날 수 있도록 해야 하며, 리큐르를 너무 많이 사용하면 과일 특유의 맛과 향이 감소하기 때문에 소량을 사용해야 한다. 최근에는 간편하고 과일의 맛을 그대로 유지하는 다양한 과일 퓌레(fruit puree)를 많이 사용한다. 또한 소스는 따뜻한 소스와 차가운 소스로 나누어진다. 현재의 디저트 코스는 다른 어떤 코스보다 많은 비중을 차지하며, 디저트의 근원인 프랑스에서 메뉴 구성 3단계에 들어갈 정도로 중요한 코스가 되었다. 국내에서도 호텔 등 고급레스토랑에서는 빵류보다 디저트에 더 큰 관심을 가지고 있다.

(4) 푸드 디쉬(food dish)

요리사를 흔히 화가에 비교하는데 이는 접시를 캔버스로 사용하고 각각의 식재료를 물감으로 비유하여 접시 형태에 따라 다양한 요리 디자인 구도를 미리 설정하고 그 이미지에 가장 잘 부합되는 기본 구도를 선택하여 플레이팅하기 때문이다. 실제 요리를 담을 때 접시 형태는 원형, 사각형, 삼각형, 역삼각형, 타원형, 마름모 형태 등에 따라 다양한 이미지를 제공한다.

접시 형태의 종류와 특징

접시형태의 종류	특징
원형 접시	가장 기본적인 접시로 편안함과 고전적 느낌 부여. 완전함, 부드러움, 친밀감으로인해 진부한 느낌을 줄 수 있으나 테두리의 무늬와 색상에 따라 다양한 이미지 연출 가능.
사각형 접시	모던함을 연출할 때 사용하며, 황금분할에 기초를 둔 사각형이 많이 쓰임. 원형 접시에 비해 안정감을 가지면서도 여러가지 변화를 의도한 창의성이 강한 요리에 활용.
삼각형 접시	코믹한 분위기의 요리에 사용. 날카로움과 빠른 움직임을 느낄 수 있고, 자유로운 느낌의 요리 연출.
역삼각형 접시	삼각형에 비해 역삼각형은 반대로 아래가 좁아 날카로움과 속도감이 증가되어 먹는 사람을 향해 달려오는 효과로 강한 움직임의 이미지 연출.
타원형 접시	원을 변화시킨 타원은 우아함, 여성적인 기품, 원만함 등을 표현. 좌우의 비율을 변화시켜 우주적인 신비성 표현.
평행사변형 또는 마름모꼴 접시	사각형이 지닌 정돈된 느낌과 안정감에서 벗어나 움직임과 속도감을 표현. 평면이면서도 입체적인 이미지 연출.

(5) 디자인 이미지

푸드 디자인은 안정감이나 긴장감, 속도감, 아름다움, 코믹함 등 이미지의 기초적인 형태를 바탕으로 개인 각자가 창조한 음식을 다향한 이미지로 표현할 수 있게 한다.

푸드 디자인 이미지의 종류와 특징

이미지의 종류	특징	비고
리듬 모양	가장 기본적인 접시로 편안함과 고전적 느낌 부여. 완전함, 부드러움, 친밀감으로 인해 진부한 느낌을 줄 수 있으나 테두리의 무늬와 색상에 따라 다양한 이미지 연출 가능.	
번개 모양	마름모꼴에서 발전된 형태 번개 모양 하나하나가 연결되어 동적이미지 접시 위, 아래로 다이나믹한 구성	
소용돌이 모양	강조하고자 하는 요리의 중심을 향해 소용돌이를 그리는 구도 입체감과 불변환적인 움직임 코믹한 이미지 연출	
바둑 모양	빛과 그림자, 명암 등 대립되는 것을 규칙적으로 반복 대립과 날카로운 이미지로 진취적이고 현대적인 이미지 체스의 서양적, 바둑의 동양적 이미지로 표현	
물결 모양	물에 돌을 던질 때의 동심원 이미지 동심원의 숭심에 포인트를 주고 섭시 끝을 향해 몇 개의 원으로표현 안정감, 조용한 움직임, 부드러운 아름다움 표현	
방사 모양	물결 모양의 반대로 바깥에서 중심으로 표현 동적이고 경쾌하며 중심이 강조됨 풍차 같은 리드미컬한 회전 이미지	

제4절 초콜릿(Chocolate)

카카오 빈(beans: 콩)을 주원료로 하며, 카카오 버터, 설탕, 유제품 등을 섞은 것이다. 독특한 쓴맛을 가지고 입속에서 부드럽게 녹는 맛이 특징이다. 적도를 중심으로 하여 남북 20도 사이의 지역에서만 생육하는 카카오는 오동나무과의 고목으로 학명은 Amygdala pecuniaria이다. 원산지는 남아프리카 브라질의 아마존강 상류와 베네수엘라의 오리노코강 유역이다.

1720년, 스웨덴 식물학자 린네는 카카오나무에 Theobroma cacao. L.(신(神)으로부터 선물 받은 음식물)이라는 학명을 붙였다. 그 의미는 Theo=신, broma=음식, 즉 열매(카카오 포드, cacao pod) 속의 종자, 즉 카카오 시드(cacao seeds)이다.

1 초콜릿의 어원 및 기원

초콜릿이 남아프리카에서 유럽으로 최초로 전해지게 된 것은 15세기말 콜럼버스에 의해서이다. 그 뒤 16세기 중반에 멕시코를 탐험한 H. 코르테스가 에스파냐에 소개함으로써 17세기 비로소 유럽 전역으로 퍼졌다. 카카오의 카카(caca)는 고대 멕시코의 아즈테카어로 '쓴즙'을 뜻하며, 여기에 '액체'를 뜻하는 아틀(at)이 붙어 카카하틀(cacahuatl)이 되고, 이를 약칭하여 카카오라 부르게 되었다. 초콜릿의 주원료는 '신의 음식'이라 불리는 카카오나무의 열매다. 카카오나무 열매는 20℃ 이상의 온도와 연 200mL 이상의 강수량이 유지되는 생장환경이 필요하다. 또한 뜨거운 태양빛과 바람을 피하기 위해 다른 나무 그늘 밑에서 주로 자란 카카오나무는 100년이 넘도록 열매를 생산해낼 수 있다. 카카오 포드(cacao pod)라고 불리는 열매 속에는 카카오 빈이 들어 있는데, 이 카카오 빈을 갈아서 카카오 버터, 카카오 매스, 카카오 분말 등을 만들고 이를 다른 식품에 섞어 가공한 것을 초콜릿이라한다.

2 초콜릿의 주요 품종

1) 크리올로(Criollo)

중앙아메리카 아츠텍 산으로 부드러운 맛으로 전 세계 생산량의 5~8%를 차지하며, 카카오의 왕자라고도 불린다. 최고의 맛과 향을 가지고 있으나 전체 카카오 재배지역에서 차지하는 비율이 5% 이하이며 병충해에 약하고 수확하기도 어렵다.

중앙아메리카의 카리브해 일대, 베네수엘라, 에콰도르 등지에서 주로 재배된다.

2) 포라스테로(Forastero)

아마존강 유역과 아프리카에서 많이 생산되고 있으며, Robusta du cacao라 부르기도 한다. 가장 일반적인 종으로, 전체 생산량의 약 70% 정도를 차지한다. 거의 모든 초콜릿 제품의 원료로 쓰이면서 생산성이 높고 고품질인 이 제품은 세계적으로 가장 많이 재배되고 있다. 주로 브라질과 아프리카에서 재배되며 신맛과 쓴맛이 좀 강한 편이다.

3) 트리니타리오(Trinitario)

크리올로와 포라스테로의 교배종으로 유지 함량이 월등히 높으며, 전체 생산량의 15~20%를 차지한다. 크리올로의 뛰어난 향과 포라스테로의 높은 생산성을 가지고 있다. 또한, 여러 다른 종과 섞어서 다양한 맛의 초콜릿으로 변형하여 사용한다.

3 카카오의 수확에서 초콜릿이 되기까지

1) 수확

카보스(Cabosse, 카카오 포드)라고 불리는 카카오 열매는 덥고 습한 열대우림 지역(남·북위 20° 사이)에서 자라 1년에 2번씩 열매를 맺는다. 럭비공 모양으로 자란 열매는 색과 촉감으로 완숙도를 파악하며 수확하는데, 카카오 빈은 아몬드 정도의 모양과 크기를 지니며 한 개의 열매에 약

30~40개 정도씩 들어있다. 수확 후 카보스의 단단한 껍질을 쪼개어서 카카오 원두만을 꺼내 다시 원두를 한 알 한 알 수작업으로 따로 따로 떼어 낸다.

2) 발효

채취한 카카오 원두는 1~6일 동안의 발효 과정을 거치며, 종자에 따라 시간이 다르다. 발효는 다음의 세 가지 목적으로 한다.

- 카카오 원두 주위를 싸고 있는 하얀 과육을 썩힘으로써 부드럽게 만들어서 취급하기 쉽게 한다.
- 발아하는 것을 막아서 원두의 보존성을 좋게 한다.
- 카카오 특유의 아름다운 짙은 갈색으로 변하여 원두가 통통하게 충분히 부풀어 쓴맛과 신맛이 생김으로써 향 성분을 증가시킨다. 발효에는 충분한 온도(콩의 온도가 50℃ 정도)가 필요하고 전체적으로 골고루 발효시키기 위해서는 공기가 고루 닿도록 원두를 정성껏 섞어야 한다.

3) 건조

발효시킨 카카오 원두는 수분의 양이 약 60% 정도이지만 이것을 최적의 상태로 보존하기 위해서는 8% 정도까지 내릴 필요가 있다. 그래서 이러한 건조작업이 필요하며, 카카오 원두를 커다란 판 위에 펼쳐 놓고 약 2주간 햇빛에 건조시킨다. 건조과정을 거친 카카오 원두는 커다란 마대 자루에 담아서 세계 각지로 수출한다.

4) 선별, 보관

초콜릿 공장에 운반된 카카오 원두는 우선 품질검사부터 실시한다. 홈이 파인 가늘고 긴 통을 마대 자루 끝에 꽂아서 그 안에 들어 있는 카카오 원두를 꺼낸 후에 곰팡이나 벌레 먹은 것이 없는지, 발효가 잘 되었는지 등을 자세히 살펴보게 되며 그 후 선별작업을 거친 원두는 온도가 일정하게 유지되는 청결한 장소에 보관한다.

5) 세척

카카오 원두는 팬이 도는 기계에 돌려서 이물질과 먼지를 제거하고 체에 쳐서 조심스럽게 닦는다.

6) 로스팅

카카오 원두는 로스팅을 실시한다. 이렇게 함으로써 수분 제거와 휘발성분인 타닌(tannin)을 제거하며, 색상과 향이 살아나게 한다. 카카오 빈의 종류와 수분함량에 따라 로스팅을 다르게 한다.

7) 분쇄

로스팅한 카카오 원두는 홈이 파인 롤러로 밀어서 곱게 다듬어 준다. 주위의 딱딱한 껍질이나 외피는 바람으로 날려버리고, 카카오니브(Grue De Cacao)라고 불리는 원두 부분만 남긴다.

8) 배합

초콜릿의 품질을 알 수 있는 중요한 과정 중의 하나가 블렌드(blend) 작업이다. 여러 가지 카카오의 선택과 배합은 각 제조회사에서 설정하여 만든다.

9) 정련

카카오니브(cacao nib)에는 지방분(코코아 버터)이 55%나 함유되어 있으며, 이것을 갈아 으깨면 걸쭉한 상태의 카카오 매스(cacao mass)가 만들어진다. 블랙 초콜릿은 카카오 매스에 설탕과 유성분을 넣어서 만들고, 화이트초콜릿은 카카오 버터에 설탕과 유성분을 넣고 기계로 섞어서 만든다. 세로로 둘러싸인 실린더(Cylinder: 필름 모양의 매트가 붙은 롤러) 사이에서 초콜릿이 으깨어져서 윗부분으로 감에 따라 고운 상태가 되고, 0.02mm의 입자가 될 때까지 섞어서 마무리한다. 별도의 작업으로 카카오 매스를 프레스 기계에서 돌리면 카카오 버터와 카카오의 고형분으로 만들어지는데 이 고형분을 다시 섞어서 한 번 냉각시켜 굳혀서 가루 상태로 만든 것을 카카오파우더라 한다.

10) 콘칭

반죽을 저어 입자를 균일하게 하는 공정으로 휘발성 향의 제거와 수분감소 향미 증가 및 균질화의 효과를 얻는다. 매끄러운 상태가 된 초콜릿은 다시 콘채(conche)라고 불리는 커다란 통에 넣어 반죽을 한다. 반죽은 통 안에서 2개의 봉이 끊임없이 섞어주고 약 24~74시간 동안 50~80℃에서 숙성시킨다. 숙성과정에서 초콜릿의 상태가 좀 더 매끄러워야 하는 경우에는 카카오 버터를 첨가하기도 하는데, 반죽하여 숙성하는 시간은 초콜릿의 종류에 따라 다르다. 특히 이 과정은 '그랑 크뤼(Grand Cru)'라고 불리는 고급 초콜릿을 만드는데 중요한 작업으로 벨벳 같은 촉감과 윤기가 흐르는 반지르르함은 이러한 과정을 거침으로써 만들어진다.

11) 온도 조절과 성형

마지막으로 기계 안에서 온도 조절(템퍼링)을 거쳐 안정화된 후, 컨베이어 시스템에 올려신 틀에 부어져 냉각시키게 된다. 냉각이 완료되면 틀에서 꺼내어 포장한다.

12) 포장 및 숙성

은박지나 라벨로 포장하여 케이스에 담고 적절한 환경을 갖춘 창고 안에서 일정 기간 동안 숙성시킨다. 이렇게 함으로써 초콜릿이 완성되어 유통된다.

4 초콜릿의 템퍼링(Tempering)

초콜릿의 생명은 템퍼링이다. 템퍼링이란 온도에 따라 변화하는 결정을 안정된 결정 상태로 만들기 위해 온도를 맞추어 주는 작업이다. 템퍼링을 하는 이유는 초콜릿에 함유되어 있는 카카오 버터가 다른 성분과 분리되면 떠버리는 현상이 나타나므로 전체를 균일하게 혼합할 필요가 있기 때문이다.

카카오 버터는 하나로 혼합과 동시에 일정 온도에 이르면 녹기도 하고 굳기도 하는 성질을 가진다. 카카오 버터의 융점(녹기 시작하는 온도)은 33~34℃이며, 응고점(굳기 시작하는 온도)은 27~28℃이다. 그래서 쿠베르튀르(커버춰)는 33~34℃에서 녹기 시작하고, 27~28℃에서 굳기 시작하는 성질이 있다. 따라서 이 쿠베르튀르를 피복용으로 사용할 때는 위에 설명한 응고점과 융점의 중간점에서 작업을 행하는 것이 최적이다. 즉 27~28℃와 33~34℃ 사이가 좋다. 실제로 27~28℃에서는 약간 굳게 되고 34℃ 이상에서는 카카오 버터에 함유된 분자가 가지고 있는 성질 때문에 피복으로 부적합한 것으로 여겨지므로 29~32℃에서 행하는 것이 좋다. 이 작업을 템퍼링이라고 한다. 템퍼링한 초콜릿의 온도는 30~32℃(초콜릿을 제조하기 위한 최적 온도)로 유지시켜야 한다. 그래야 반유동성의 적당한 점성을 가진 피복하기에 적합한 상태가 된다. 템퍼링 방법을 결정할 때는 작업 환경이나 초콜릿의 양, 작업시간 등을 고려하여 적절한 방법을 선택한다.

1) 템퍼링의 필요성

융점 이상으로 가온하면 쿠베르튀르는 카카오 버터가 완전히 용해되기 때문에 완만한 유동체로 된다. 그 때문에 혼합되어 있는 카카오 고형물, 설탕, 카카오 버터 등의 결합이 깨지고 카카오 버터가 다른 성분과 분리되어 버린다. 이 상태에서 피복작업을 행하면 냉각해서 굳을 경우 표면에 카카오 버터가 떠버리기 때문에 전체적으로 흰 막이 생기고 이 상태를 블룸(bloom)이라고 한다. 따라서 34℃ 이상으로 된 쿠베르튀르는 그대로 사용하기 어렵기 때문에 다시 전체를 균일하게 혼합할 필요가 있다. 카카오 버터의 분리는 그 사이에 완전히 유동성으로 되어 점성을 잃어버렸기 때문에 일어나는 것이고 일단 응고점까지 냉각하고 점성을 주어 전체의 결합을 좋게 해야 한다. 그래서 이것을 다시 30℃ 전후까지 가온하면 반유동성의 적당한 점성을 가진 피복하기에 아주 적합한 상태가 된다.

2) 템퍼링 효과

1. 광택을 좋게 하고 입에서 잘 녹게 한다.
2. 결정이 빠르고 작업이 용이하다.
3. 몰드에서 꺼낼 때 쉽게 떨어진다.

3) 템퍼링 방법

- 수냉법 : 초콜릿을 잘게 자른 다음 40~50℃의 중탕으로 녹인다. 중탕시킬 때 물이나 수증기가 들어가면 안 되며, 물을 넣은 용기보다 초콜릿을 넣은 용기가 크면 안전하다. 차가운 물에 중탕하여 25~27℃까지 낮춘 다음에 다시 온도를 올려서 30~32℃로 만든다(작업장 온도는 18~20℃까지가 좋음).
- 대리석법 : 초콜릿을 40~45℃로 용해해서 전체의 1/2~2/3를 대리석 위에 부어 조심스럽게 혼합하면서 온도를 낮춘다. 점도가 높아질 때 나머지 초콜릿에 넣어 용해하여 30~32℃로 맞춘다(이때 대리석 온도는 15~20℃가 이상적).
- 접종법 : 초콜릿을 완전히 용해한 다음, 온도를 36℃로 낮추고 그 안에 템퍼링한 초콜릿을 잘게 부수어 용해한다(이때의 온도는 약 30~32℃까지 낮춤).

4) 초콜릿 템퍼링 작업시 주의사항

초콜릿을 작업할 때 가장 중요한 것이 온도와 습도이다. 온도가 높거나 습기가 많으면 점도가 높아지기 때문에 템퍼링이 잘 되지 않고 디핑이나 몰드작업을 할 경우 표면이 두꺼워져 제품의 품질 면에서 문제가 발생할 수 있다. 작업을 하기 전 작업장의 온도나 습도를 살펴보고 사용할 도구 작업 테이블이 건조한지 확인해야 한다.

초콜릿 작업장은 온도 조절이 가능해야 하고, 습도가 높지 않은 환경이어야 하며 실내온도는 18~20℃ 전후가 적정하다. 이러한 환경의 작업장은 초콜릿의 결정화를 막을 수 있고 좋은 품질의 초콜릿을 만들 수 있다.

초콜릿 종류별 템퍼링 온도

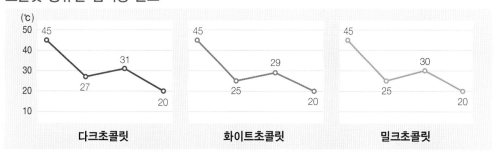

초콜릿 대리석 템퍼링

전자레인지 템퍼링

5 블룸(Bloom) 현상

Bloom이란 「化」라는 의미로 초콜릿 표면에 하얀 무늬가 생기거나 하얀 가루를 뿌린 듯이 보이거나 하얀 반점이 생긴 것이 꽃과 비슷한데서 이름이 붙여졌다. 이렇게 되는 현상은 카카오 버터가 원인인 「Fat Bloom」과 설탕이 원인인 「Sugar Bloom」이 있다.

1) Fat Bloom(팻 블룸)

팻 블룸은 초콜릿이 열 충격을 받아 함유되어 있던 유지가 표면으로 올라와 생기는 현상으로 작업 과정에서 적정 온도보다 높을 경우 유지가 굳으며 표면이 하얗게 된다. 먹어도 문제는 없지만 식감이 좋지 않고 잘 굳지 않으며 손으로 만지면 잘 녹는다. 취급하는 방법이 적절하지 않거나 제품을 온도 변화가 심한 곳에 저장할 때도 팻 블룸 현상이 생긴다.

2) Sugar Bloom(슈거 블룸)

습기가 많은 환경에서 작업하거나 보관된 초콜릿의 설탕 입자가 녹으면서 표면으로 올라와 하얗게 보이는 현상으로 습도가 높은 장소에 오랫동안 보관하거나 급작스러운 온도 변화의 경우에 일어난다. 여름철의 초콜릿에서 흔히 발견되며, 18~20℃의 건조한 곳에 보관하면 예방할 수 있다.

6 초콜릿 보관시 주의사항

- 직사광선이 없는 20℃ 이하에서 보관하며, 25℃가 넘으면 팻 블룸이 생길 가능성이 높아진다.
- 65% 이하의 습도를 유지하고 그 이상일 경우 슈거 블룸이 생길 가능성이 높다.
- 냄새가 없고 청결한 곳에 보관해야 한다.

7 국내초콜릿 용어 정의

1) 초콜릿류라 함은 테오브로마 카카오(Theobroma cacao) 나무의 종실에서 얻은 코코아 원료(코코아 버터, 코코아 매스, 코코아 분말 등)에 다른 식품 또는 식품첨가물 등을 가하여 가공한 것을 말한다.

2) 초콜릿의 정의

- 초콜릿 : 코코아 원료에 당류, 유지, 유가공품, 식품 또는 식품첨가물 등을 가하여 가공한 것으로서 코코아 원료 함량 20% 이상(코코아버터 10% 이상)인 것.
- 밀크초콜릿 : 코코아 원료에 당류, 유지, 유가공품, 식품 또는 식품첨가물 등을 가하여 가공한 것으로서 코코아 원료 함량 12% 이상, 유고형분 8% 이상인 것.
- 준 초콜릿 : 코코아 원료에 당류, 유지, 유가공품, 식품 또는 식품첨가물 등을 가하여 가공한 것으로서 코코아 원료 함량 7% 이상인 것 또는 코코아 버터를 2% 이상 함유하고 유고형분 함

량 10% 이상인 것을 말함.

- 초콜릿 가공품 : 넛트류, 캔디류, 비스킷류 등 식용 가능한 식품에 초콜릿, 밀크초콜릿이나 준 초콜릿을 혼합, 피복, 충전, 접합 등의 방법으로 가공한 것.

2부
제빵실습

심·화·제·과·실·습·및·제·빵·실·습

앙버터빵 あんバタートースト

배합표 앙버터 반죽	강력분 680g	호밀가루 120g	몰트 8g
	소금 16g	쇼트닝 16g	이스트 30g
	물 600g		

충전물	검은앙금 500g	앵커버터 500g

① 버터를 두께 1cm, 가로 13cm, 세로 8cm로 밀어펴 비닐 커버 후 냉장 보관
② 앙금은 식힌 빵에 바르고 냉장보관한 버터를 올린다.

만드는 과정

① 버터, 충전물을 제외한 전 재료를 믹싱 볼에 넣고 믹싱 후 클린업단계에서 쇼트닝을 투입하고 발전단계 중기까지 믹싱

② 1차발효 : 27℃, 상대습도 75~85%에서 50~60분 발효

③ 분할 : 가스빼기 후 높이 1cm, 가로 60cm, 세로 30cm로 밀어펴고 20분간 휴지.

④ 성형 : 테두리를 자르고 가로 14cm, 세로 9cm 컷팅 후 팬닝

⑤ 2차발효 : 35℃, 상대습도 80~85%에서 20-30분

⑥ 굽기 : 윗불 230℃, 아랫불 200℃에서 5분 굽기 후 윗불 210℃, 아랫불 190℃에서 15분 굽기

⑦ 포카치아 냉각 후 앙금을 바르고 재단한 버터를 올린다.

1

2

3

4

5

건강빵 *healthy bread*

배합표			
강력 800g	크라프트콘(잡곡믹스) 200g	소금 12g
드라이 이스트 20g	물 620g	호두 분태 200g

만드는 과정

① 호두를 제외한 전 재료를 믹싱 볼에 넣고 반죽한다.(반죽 물은 차가운 것을 사용한다)

② 반죽은 발전단계까지 한다.(반죽온도 24℃)

③ 호두는 구워서 사용한다.

④ 1차 발효 후 350g씩 분할 둥글리기 한다.

⑤ 다양한 모양으로 성형한다.

⑥ 2차 발효 후 쿠퍼를 넣고 오븐에서 굽는다.(스팀분사)

⑦ 오븐온도 윗불 250℃ 아랫불 220℃ 30분 전후에서 굽는다.

고르곤졸라 바게트 *gorgonzola baguette*

배합표			
강력분 900g	박력분 100g	설탕 60g
옥수수분말 30g	소금 20g	분유 40g
버터 60g	생이스트 30g	물 630g
르방 리퀴드 200g	크리스탈 10g	

토핑			
버터 300g	고르곤졸라 300g	설탕 200g
계란 2개	연유 150g	소금 2g

만드는 과정

① 버터를 제외한 전 재료를 넣고 글루텐이 70% 단계에 이르도록 한다.

② 70% 단계까지 믹싱 후 마지막 단계에 버터를 넣고 믹싱을 완료한다.

③ 반죽이 완성되면 표면을 매끄럽게 만들어 20분간 1차 발효에 들어간다.

④ 20분 후 좌, 우로 두 번 접어준 뒤 상, 하로 다시 두 번 접어준다.

⑤ 1차 발효가 끝나면 탄력적이고 매끈한 반죽이 완성된다.

⑥ 120g으로 분할 후 가볍게 둥글린 뒤 10분간 실온에서 벤치타임에 들어간다.

⑦ 벤치타임이 끝난 후 반죽을 손바닥으로 두드려 가스를 빼준 뒤 반죽을 위에서 아래로, 아래에서 위로 각각 접어 눌러준다.

⑧ 손끝을 이용해 15cm의 스틱모양으로 눌러 말아준 뒤 반죽의 끝을 뾰족하게 성형한다.

⑨ 철판에 3개씩 패닝 후 30분간 2차 발효에 들어간다.

⑩ 2차 발효가 끝난 후 1cm 깊이의 일직선으로 쿠프를 내준다.

⑪ 토핑을 쿠프 안에 길게 짜준 후 200℃의 컨벡션 오븐에 스팀을 준 뒤 170℃로 온도를 내리고 15분간 굽는다.

TIP 고르곤졸라의 향이 강하기 때문에 토핑을 짤 때 과하지 않도록 주의한다.
2차 발효가 과할 경우, 쿠프할 때 반죽이 꺼지므로 주의한다.

피자 파니니 *pizza panini*

배합표 파니니 반죽	강력분 800g	이스트 32g	소금 16g
	설탕 32g	분유 40g	버터 48g
	우유 160g	물 360g	

충전물	스위트콘 240g	햄 150g	적피망 2ea
	양파 400g	양송이(캔) 160g	피클 150g
	마요네즈 280g	피자치즈 500g	소금 2g
	후추 소량		

① 피클, 양송이, 스위트콘을 손으로 짜거나 거즈를 사용해 물기를 제거한다.
② 야채류를 적당한 크리고 자르고 마요네즈, 소금, 후추와 혼합

만드는 과정

① 버터, 충전물을 제외한 전 재료를 믹싱 볼에 넣고 믹싱 후 클린업단계에서 버터를 투입하고 최종단계까지 믹싱

② 1차발효 : 27℃, 상대습도 75~85%에서 50~60분 발효

③ 분할 : 80g 분할하여 둥글리고, 중간발효

④ 성형: 원루프 형태로 성형 후 밀대로 눌러주고 6개씩 패닝하기

⑤ 2차발효 : 35℃, 상대습도 80~85%에서 20~30분

⑥ 1차 굽기 : 윗불 170℃, 아랫불 160℃에서 13분 굽기

⑦ 파니니 중간을 자르고 충전물을 넣고 피자치즈를 올린다.

⑧ 2차 굽기 : 윗불 200℃, 아랫불 160℃에서 10분 굽기

1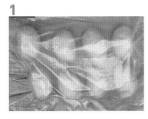
2
3
4

5
6

초코 캄파뉴 *chocolate campagne*

배합표			
강력분 900g	코코아파우더 100g	설탕 150g
소금 20g	생이스트 30g	몰트 10g
물 700g	르방 리퀴드 300g	스펀지 200g

충전물		
초코칩 100g	오렌지필 150g

만드는 과정

① 전 재료를 넣고 90%까지 믹싱을 한다.

② 믹싱된 반죽에 충전물을 혼합한 후 믹싱을 완료한다.

③ 믹싱된 반죽을 실온에서 20분 후 접기를 한다.

④ 실온에서 20분 더 발효 후 1차 발효를 완료한다.

⑤ 1차 발효가 끝난 반죽은 가볍게 넓게 펼친 후 커팅을 준비한다.

⑥ 반죽을 300g씩 분할한다.

⑦ 손끝을 이용해 반죽을 가볍게 둥글려준다.

⑧ 둥글리기한 반죽은 15분간 벤치타임을 갖는다.

⑨ 벤치타임이 끝난 반죽을 가볍게 두드려 가스를 뺀 후 다트 초코칩을 20g씩 넣고 위에서 아래로 접어준다.

⑩ 양끝을 잡고 한 번 더 접는다.

⑪ 손끝을 이용해 눌러가며 이음매를 만들어준다.

⑫ 반죽을 리넨 천 위에 이음매가 위로 오도록 놓는다.

⑬ 성형이 끝난 반죽은 자연발효실에서 2배 크기까지 2차 발효한다. 2차 발효 완료 후 상 260℃, 하 230℃의 유로오븐에서 쿠프, 스팀 주입한 뒤 25분간 굽는다.

TIP 반죽에 다크 초콜릿이 들어가기 때문에 오븐에서 타는 것을 방지하기 위해 실리콘 페이퍼 위에서 굽는다. 또한 쿠프를 넣을 때 너무 깊이 넣으면 다크 초코칩이 밖으로 나와 탈 수 있다.

무화과 캉파뉴 *fig campagne*

사전반죽	호밀가루 500g	물 550g	몰트 10g
본반죽	강력분 600g 소금 20g	르방 리퀴드 300g 스펀지 400g	물 250g 생이스트 15g
충전물	무화과 200g	건포도 200g	호두 200g

만드는 과정

① 호밀, 물, 몰트 혼합 후 30분간 미리 섞어둔다.

② 사전반죽 전량과 충전물을 제외한 나머지 재료를 넣고, 믹싱 완료 후 충전물을 섞어준다.

③ 믹싱 완료된 반죽은 실온에서 20분간 발효한다.

④ 20분간 발효를 마친 반죽은 상, 하, 좌, 우 접기를 한 후 20분 뒤 한 번 더 접기를 한다.

⑤ 반죽은 기포가 빠지지 않게 조심스럽게 펼친 후 커팅을 준비한다.

⑥ 넓게 펼친 반죽을 250g씩 분할한다.

⑦ 분할된 반죽은 손끝을 이용해 가볍게 모아준다.

⑧ 가볍게 모아준 반죽은 20분간 벤치타임을 갖는다.

⑨ 벤치타임이 끝난 반죽을 가볍게 두드려 가스를 뺀 후 전처리한 무화과를 50g씩 올린다.

⑩ 반죽의 윗부분을 잡고 반을 접어준다.

⑪ 반죽의 양끝을 잡고 한 번 더 접어준다.

⑫ 손끝을 이용해 이음매를 만들어준다.

⑬ 리넨 천 위에 반죽의 이음매가 위로 오도록 하고 자연발효실에서 2배 크기까지 2차 발효한다. 상 260℃, 하 230℃의 유로오븐에서 수직으로 1cm 깊이의 쿠프를 넣고 스팀을 준 뒤 20분간 굽는다.

> TIP 호밀이 들어가는 반죽이기 때문에 탄력성이 부족하다. 20분 간격으로 두 번 접기를 한다. 무화과 전처리는 설탕과 물을 넣고 끓여서 전처리를 하지 말고, 하루 전날 케이크시럽을 충분히 넣고 섞어 사용한다. 럼이나 리큐르를 넣으면 무화과 본연의 향과 맛이 약해지므로 사용하지 않는다.

먹물치즈랑 앙금 *squid ink cheese & bean paste*

배합표		
강력분 533g	박력분 267g	이스트 35g
설탕 27g	소금 14g	몰트 10g
분유 48g	계란 1ea	먹물 10g
물 490g		

충전물

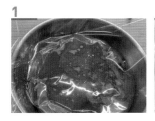

크림치즈 480g	분당 124g	팥앙금 600g
생크림 30g	레몬즙 5g	

① 크림치즈 중탕 후 분당을 넣고 크림화.
② 생크림을 2~3회 나누어 넣으며 마지막에 레몬즙을 넣고 혼합.
③ 완성된 충전물은 볼에 담아 랩핑 후 냉장 보관.

토핑

에멘탈 슈레드 80g

만드는 과정

① 버터, 충전물을 제외한 전 재료를 믹싱 볼에 넣고 믹싱 후 클린업단계에서 버터를 투입하고 최종단계까지 믹싱

② 1차발효 : 27℃, 상대습도 75~85%에서 50~60분 발효

③ 분할 : 80g 분할하여 둥글리고, 중간발효.

④ 성형 : 충전물 30g, 팥앙금 25g 포앙 후 윗면에 우유를 바르고 에멘탈 슈레드를 찍어 10개씩 팬닝

⑤ 2차발효: 35℃, 상대습도 80~85%에서 20~30분

⑥ 굽기 : 윗불 220℃, 아랫불 160℃에서 13~15분 굽기.

1
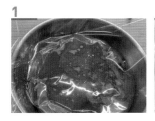

2

3

4

호밀빵 *Rye bread*

배합표	강력 600g	호밀가루 200g	호밀 종 352g
	드라이 이스트 12g	소금 18g	물 520g

호밀종 반죽	강력 200g	드라이 이스트 2g	물 150g

밀가루, 물, 드라이 이스트를 주걱으로 섞어 놓는다.(실온에서 4시간 발효 후 냉장고에서 12시간 발효한다.)

만드는 과정

① 전 재료를 개량하여 믹서 볼에 넣는다.

② 호밀종 반죽을 넣고 반죽한다.

③ 발전단계보다 조금 더 반죽한다.

④ 1차 발효 30~50분한다.

⑤ 350g 분할하여 둥글리기 한 다음 중간 발효한다.

⑥ 성형하여 2차 발효한다.

⑦ 오븐온도 250/230℃에서 25~30분 굽는다.

1

2

3

호두 크림치즈 브레드 *walnut cream cheese bread*

배합표			
	강력분 800g	이스트 32g	설탕 96g
	소금 12g	개량제 16g	분유 16g
	버터 64g	계란 3ea	물 330g
	호두분태 96g		

충전물			
	크림치즈 500g	계란 1.5ea	분당 32g

크림치즈 중탕 후 분당, 계란을 넣고 혼합(냉장 휴지로 되기 조절)

토핑			
	흰자 90g	슈가파우더 300g	박력분 45g
	아몬드슬라이스 75g		

슈가퍼우더, 박력분을 먼저 섞어주고 주걱을 이용해 풀어준 흰자를 넣고 혼합

만드는 과정

① 버터, 충전물을 제외한 전 재료를 믹싱 볼에 넣고 믹싱 후 클린업단계에서 버터를 투입하고 최종단계까지 믹싱 후 호두분태를 넣고 저속으로 혼합

② 1차발효 : 27℃, 상대습도 75~85%에서 50~60분 발효

③ 분할 : 150g 분할하여 둥글리고, 중간발효

④ 성형 : 밀대로 밀어 펴고 충전물을 적당량 바르고 말아준 후 말굽 모양으로 팬닝

⑤ 2차발효 : 35℃, 상대습도 80~85%에서 20~30분

⑥ 토핑 : 발효실에서 꺼낸 후 토핑물을 골고루 바르고 아몬드 슬라이스를 뿌린다.

⑦ 굽기 : 윗불 200℃, 아랫불 160℃에서 13~15분 굽기

충전물

토핑

1

2

3

4

5

녹차 코코넛 *green tea coconut*

배합표		
강력분 1000g	설탕 130g	소금 20g
생이스트 35g	계란 2개	물 400g
녹차가루 10g	버터 130g	르방 리퀴드 200g
녹차밀 100g		

충전물 1	
건포도 100g	호두 50g(믹싱 마지막 투입)

충전물 2		
크림치즈 250g	슈가파우더 30g	레몬즙 1/2g(성형시 포앙)
토핑물 흰자 100g	버터 100g	설탕 100g
코코넛슈레드 100g		

만드는 과정

① 버터와 충전물을 제외한 전 재료를 넣고 믹싱 50%까지 완료한 후, 버터와 충전물을 넣고 90%까지 믹싱을 마무리한다.

② 믹싱된 반죽을 실온에서 20분간 발효한다.

③ 20분간 발효한 반죽을 상, 하, 좌, 우 접기를 하고 20분간 더 발효한다.

④ 1차 발효를 완료한 반죽은 넓게 펼쳐 분할을 준비한다.

⑤ 넓게 펼쳐진 반죽을 80g씩 분할한다.

⑥ 둥글리기를 마친 반죽은 10분간 벤치타임에 들어간다.

⑦ 벤치타임이 끝난 반죽을 가볍게 두드려 가스를 뺀 후 충전용 크림치즈를 50g씩 포앙한다.

⑧ 충전용 크림 포앙 시 굽는 도중 터지는 경우가 발생하므로 이음매를 꼼꼼하게 마무리해 준다.

⑨ 이음매를 완전히 봉한 상태의 사진이다.

⑩ 철판에 6개씩 패닝 후 발효실 35℃, 80% 습도에서 3배 크기까지 2차 발효에 들어간다.

⑪ 2차 발효가 끝나면 컨벡션 오븐 165℃에서 코코넛 토핑을 윗면에 짜준 후 15분간 굽는다.

> TIP 충전용 크림은 바로 만들어 사용 하면 질어서 포앙하기 힘들기 때문에 꼭 하룻밤 숙성 후에 사용한다.

토핑 제조법

① 흰자, 설탕을 풀어준다.
② 녹인 버터와 ①을 혼합.
③ 코코넛슈레드와 ②를 혼합.

허브빵 *Herb bread*

배합표		
강력분 1000g	드라이 이스트 20g	물 610g
설탕 20g	올리브 오일 50g	소금 16g
로즈마리 20g	바질 20g	딜 20g

만드는 과정

① 허브를 씻은 다음 잘게 다진다.

② 허브, 올리브오일을 제외한 모든 재료를 넣고 최종단계까지 반죽한 다음 마지막에 허브와 올리브오일을 섞어서 넣고 반죽 마무리한다.

③ 완성된 반죽을 둥글리기 하여 40~60분간 1차 발효한다.

④ 120g 분할하여 둥글리기 한 후 비닐을 덮어 10~15분간 중간발효 한다.

⑤ 밀대를 이용하여 타원형으로 밀어 펴서 말아준 다음 패닝 한다.

⑥ 발효실 온도 38℃ 상대습도 75~80% 조건에서 20~30분간 2차 발효를 시킨다.

⑦ 쿠프 넣고 오븐온도 230/210℃에서 스팀분사 후 15~20분간 굽는다.

옥수수 조리빵 *corn cooking bread*

배합표			
강력분 768g	이스트 48g	설탕 120g
소금 19g	분유 38g	몰트엑기스 6g
마가린 192g	바닐라에센스 2g	계란 144g
물 211g		

충전물			
스위트콘 240g	양파 160g	당근 32g
소금 4g	마요네즈 120g	아몬드분말 100g

야채를 적당한 크기로 자르고 소금과 버무려 수분 제거 후 물기를 짠 스위트코과 마요네즈를 넣고 혼합(아몬드분말로 충전물 되기 조정.

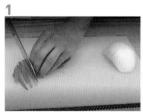 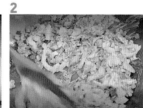

토핑			
흰자	설탕	박력분
아몬드분말	물	

박력분, 아몬드분말을 체질 후 설탕과 먼저 혼합하고 흰자를 넣고 섞어준다.(물로 되기 조정)

 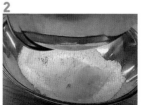 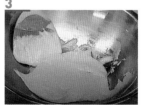

① 버터, 충전물을 제외한 전 재료를 믹싱 볼에 넣고 믹싱 후 클린업단계에서 버터를 투입하고 최종단계까지 믹싱

② 1차발효 : 27℃, 상대습도 75~85%에서 50~60분 발효

③ 분할 : 60g 분할하여 둥글리고, 중간발효.

④ 성형 : 충전물 30g 포항 후 12개씩 팬닝

⑤ 2차발효 : 35℃, 상대습도 80~85%에서 20~30분

⑥ 토핑 : 발효실에서 꺼낸 후 토핑물을 골고루 바른다.

⑦ 굽기 : 윗불 190℃, 아랫불 160℃에서 13~15분 굽기.

치즈 푸카스 *cheese fougasse*

배합표	

강력분 1000g 드라이 이스트 10g 소금 15g
드라이 바질 6g 물 680g

토핑	

바질페이스트 팬시쉬레드치즈

만드는 과정	

① 모든 재료를 넣고 최종단계까지 믹싱한다.

② 완성된 반죽을 둥글리기 하여 비닐을 덮고 40~60분 1차 발효한다.

③ 120g씩 분할하여 둥글리기 하여 10~15분 중간 발효한다.

④ 밀대를 이용하여 타원형으로 밀고 스크레이퍼 또는 칼을 이용하여 나뭇잎 모양으로 성형한다.

⑤ 바질페이스트 바르고 치즈를 뿌려준다.

⑥ 30~40분 2차 발효를 한다.

⑦ 오븐온도 230/210℃에서 20~25분간 굽는다.

1

2

3

4
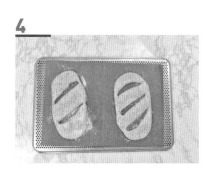

야채빵 *vegetable bread*

배합표			
	강력분 800g	이스트 32g	설탕 120g
	소금 12g	분유 24g	개량제 8g
	버터 96g	계란 2ea	물 375g

충전물			
	양배추 0.25ea	당근 1ea	샐러리 1ea
	양파 2ea	돈다짐육 288g	흰깨 3g
	후추 1g	마요네즈 300g	천일염 216g
	물 1200g		

① 천일염을 넣고 녹인 물에 적당한 크기로 자른 야채를 넣어 잠시 절여준 후 물기를 짠다.
② 돈육다짐을 볶은 후 시켜주고 물기 제거.
③ ①, ②에 후추를 넣고 잘 버무리고 마요네즈를 넣어 혼합.

만드는 과정

① 버터, 충전물을 제외한 전 재료를 믹싱 볼에 넣고 믹싱 후 클린업단계에서 버터를 투입하고 최종단계까지 믹싱

② 1차발효 : 27℃, 상대습도 75~85%에서 50~60분 발효

③ 분할 : 60g 분할하여 둥글리고, 중간발효.

④ 성형 : 충전물 30g 포항 후 팬에 살짝 눌러주며 팬닝.

⑤ 2차발효 : 35℃, 상대습도 80~85%에서 20~30분

⑥ 굽기 : 발효실에서 꺼내 윗면에 칼집을 넣고 윗불 200℃, 아랫불 170℃에서 13~15분 굽기.

블랙홀빵 *Black hole bread*

배합표		
강력 1000g	드라이 이스트 20g	설탕 100g
물 430g	버터 120g	오징어 먹물 12g
소금 12g	달걀 150	롤 치즈 300g

만드는 과정

① 버터를 제외한 전 재료를 넣고 믹싱한다.

② 클린업 단계에서 버터를 넣고 최종단계까지 믹싱한다.

③ 반죽을 둥글리기 하여 비닐을 덮고 40~60분 1차 발효한다.

④ 150g씩 분할하여 둥글리기 하여 10~15분간 중간발효한다.

⑤ 밀대로 반죽을 밀어 롤 치즈를 넣고 말아준다.

⑥ 패닝하여 2차 발효시키다.(20~30분)

⑦ 오븐온도 200℃에서 12~15분간 굽는다.

쌀 앙금빵 *rice paste bread*

배합표

쌀강력분 800g	이스트 32g	설탕 120g
소금 8g	분유 24g	물엿 24g
버터 64g	전란 3ea	노른자 1ea
물 420g	탕종 200g	

탕종

강력분 640g	설탕 64g	소금 64g
물 1280g		

① 설탕, 소금, 물을 끓여 강력분에 한번에 투입하여 중속으로 혼합 후 마무리 고속으로 5초 혼합.
② 냉장보관 후 사용.

충전물

팥앙금 1080g

만드는 과정

① 버터, 탕종, 충전물을 제외한 전 재료를 믹싱 볼에 넣고 믹싱 중 탕종을 넣고 반죽이 뭉쳐지면 버터를 투입하고 최종단계까지 믹싱

② 1차발효 : 27℃, 상대습도 75~85%에서 50~60분 발효

③ 분할 : 60g 분할하여 둥글리고, 중간발효.

④ 성형 : 팥앙금 40g 포항 후 팬에 살짝 눌러주며 팬닝.

⑤ 2차발효 : 35℃, 상대습도 80~85%에서 20~30분

⑥ 굽기 : 윗불 200℃, 아랫불 170℃에서 13~15분 굽기.

탕종 1
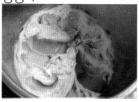

탕종 2

1

2

3

4

5

피타 포켓 빵 *Pitta pocket bread*

배합표		
강력 900g	드라이 이스트 15g	소금 10g
올리브 오일 80g	물 560g	

만드는 과정

① 전 재료를 넣고 최종단계까지 반죽한다.

② 실온에서 1차 발효 시킨다.

③ 1차 발효 후 30g씩 분할하여 둥글리기 한다.

④ 10분정도 중간발효하고 밀대로 얇게 밀어준다.

⑤ 실온에서 비닐을 덮고 10~15분 휴지 시킨다.

⑥ 오븐온도 밑불 230℃ 윗불 200℃에서 공처럼 올라 올 때까지 굽는다.(10~15분)

스위트 롱 브레드 *sweet long bread*

배합표	강력분 800g	이스트 40g	설탕 120g
	소금 16g	개량제 16g	계란 3ea
	우유 360g	버터 96g	

충전물 커스터드 크림	크리미비트 320g	생크림 320g	우유 320g
	물 200g		

충전물 버터 크림	버터 200g	슈가파우더 400g

토핑 시럽	설탕 500g	물 600g

토핑 카스테라	카스테라가루 500g

만드는 과정

① 버터, 충전물을 제외한 전 재료를 믹싱 볼에 넣고 믹싱 후 클린업단계에서 버터를 투입하고 최종단계까지 믹싱

② 1차발효 : 27℃, 상대습도 75~85%에서 50~60분 발효

③ 분할 : 100g 분할하여 둥글리고, 중간발효.

④ 성형 : 바게트 모양의 원루프 형태.

⑤ 2차발효 : 35℃, 상대습도 80~85%에서 20~30분

⑥ 굽기 : 윗불 190℃, 아랫불 160℃에서 13~15분 굽기.

⑦ 냉각 후 반으로 잘르고 버터크림, 커스터드크림을 한줄씩 짠다.

⑧ 시럽을 윗면에 바르고 카스테라 가루을 뿌린다.

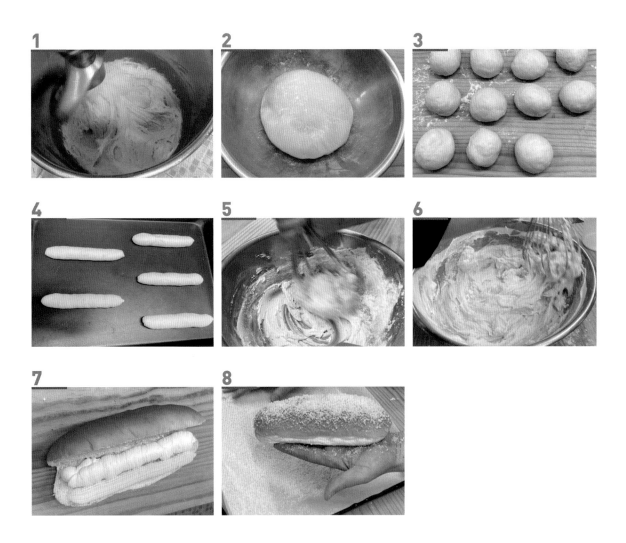

시금치 할라피뇨 치아바타 *spinach jalapeño ciabatta*

배합표			
	강력분 900g	박력분 100g	드라이이스트 15g
	스펀지 300g	세몰리나 30g	르방 리퀴드 300g
	소금 10g	물 780g	몰트 10g
	올리브오일 50g		

충전물			
	황색 체다치즈 150g	롤치즈 150g	양파 150g
	시금치 150g	할라피뇨 150g	

만드는 과정

① 강력분, 세몰리나, 르방 리퀴드, 몰트를 넣고 오토리제를 20분 한 뒤 전 재료를 넣고 믹싱한다.

② 실온에서 20분 동안 1차 발효를 한다.

③ 20분 후 접기를 한 뒤, 20분 더 발효한다.

④ 리넨 천 위에서 가볍게 두드리면서 가스를 제거한 후 반죽을 넓게 펼쳐준다.

⑤ 넓게 펼쳐진 반죽 위에 세척하고 물기를 제거한 시금치를 고루 펼쳐준다.

⑥ 시금치가 펼쳐진 반죽 위에 양파를 고루 펼쳐준다.

⑦ 6의 반죽 위에 황색 체다치즈를 고루 뿌려준다.

⑧ 7의 반죽 위에 롤치즈와 할라피뇨를 넓게 뿌려준다.

⑨ 충전물이 고루 펼쳐지면, 반죽의 양끝을 잡고 1/3을 접어준다.

⑩ 반대편의 양끝을 잡고 접어준다.

⑪ 반죽을 살살 눌러가며 충전물과 반죽이 붙도록 사각형으로 누르면서 넓혀준 뒤 10분간 휴지를 갖는다.

⑫ 휴지가 끝난 반죽은 3×20cm로 분할한다.

⑬ 분할이 끝난 반죽은 트위스트 모양으로 성형한다.

⑭ 성형이 끝난 반죽은 실리콘 페이퍼 위에 올린 후 자연발효실에서 2배 크기까지 2차 발효한다. 2차 발효가 완료되면 상 260℃, 하 230℃의 유로오븐에서 스팀을 준 뒤 15분간 굽는다.

> TIP 충전물을 넣고 10분간 휴지할 경우 재단하기 좋게 사각틀에 맞춰서 넓혀주면 재단이 용이하다.
> 으깬 감자가 들어가므로 믹싱 후반에 투입해야 반죽의 퍼짐을 막을 수 있다.

튀김소보로 *fried streusel*

배합표			
	강력분 792g	이스트 32g	설탕 108g
	소금 16g	개량제 6g	분유 16g
	계란 120g	버터 142g	물 373g

충전물	
	팥앙금 800g

토핑			
	중력분 456g	설탕 240g	베이킹파우더 5g
	땅콩버터 16g	계란 144g	아몬드슬라이스 80g
	검정깨 3g		

만드는 과정

① 버터, 충전물을 제외한 전 재료를 믹싱 볼에 넣고 믹싱 후 클린업단계에서 버터를 투입하고 최종단계까지 믹싱

② 1차발효 : 27℃, 상대습도 75~85%에서 50~60분 발효

③ 분할 : 55g 분할하여 둥글리고, 중간발효.

④ 성형 : 팥앙금 30g 포앙 후 소보루를 묻혀 팬닝.

⑤ 2차발효 : 35℃, 상대습도 80~85%에서 10분

⑥ 튀기기 : 기름온도 180~190℃에서 황금갈색이 나도록 튀긴다.

TIP 튀김소보로 토핑에 버터를 넣지 않는 이유는 유지는 기름에 녹아 튀김공정에서 토핑물이 흘러내린다.

1

2

3

4

5

6

7
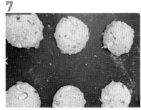

8

9

블루베리 식빵 *blueberry bread*

배합표		
강력분 1000g	설탕 120g	소금 20g
생이스트 35g	분유 20g	물 350g
우유 200g	버터 100g	르방 리퀴드 200g

충전물	
건조 블루베리 200g	블루베리 필링 200g

만드는 과정

① 버터와 건조 블루베리를 제외한 전 재료를 넣고 믹싱 50% 후 버터를 넣고 90%까지 믹싱한 뒤, 건조 블루베리를 넣고 완료한다.

② 믹싱된 반죽을 실온에서 20분간 발효한다.

③ 20분 뒤 상, 하, 좌, 우 접기를 한다.

④ 접기가 끝난 반죽을 20분 더 발효한 후 1차 발효를 완료한다.

⑤ 1차 발효가 완료된 반죽은 250g씩 분할 후, 10분간 벤치타임을 갖는다.

⑥ 벤치타임이 끝난 반죽을 밀대로 밀어펴, 블루베리 필링을 60g씩 바른다.

⑦ 필링을 바른 반죽을 원루프 모양으로 돌돌 말아 성형한다.

⑧ 블루베리 필링이 밖으로 새어나오지 않도록 이음매부분을 꼼꼼하게 붙여준다.

⑨ 미니식빵 틀에 이음매부분이 아래로 가도록 패닝 후 가볍게 눌러준다.

⑩ 35℃, 80% 습도 발효실에서 틀 높이까지 2차 발효에 들어간다. 2차 발효가 끝나면 컨벡션 오븐에 넣어 165℃에서 18분간 굽는다.

TIP 건조 블루베리를 빵에 사용할 때는 동량의 물을 넣어 충분히 불린 다음, 체에 걸러 사용해야 수분의 이동을 막을 수 있다. 냉동 블루베리는 믹싱 시 잘 깨지고 차가워서 반죽온도가 저해되므로 건조 블루베리를 불려서 사용하거나 블루베리 필링을 사용하는 것이 좋다.

초코 식빵 *chocolate bread*

배합표		
강력분 1000g	설탕 150g	소금 20g
생이스트 40g	버터 100g	계란 1개
우유 150g	물 600g	코코아 100g
르방 리퀴드 200g	초코칩 100g	

가나슈

다크 초콜릿 210g	생크림 210g

만드는 과정

① 버터와 초코칩을 제외한 전 재료를 넣고 50% 믹싱한 후, 버터를 넣고 90%에서 초코칩을 넣어준 뒤 믹싱을 마무리한다.

② 믹싱된 반죽을 실온에서 20분간 발효한다.

③ 20분 뒤 상, 하, 좌, 우 접기를 한다.

④ 접기가 끝난 반죽을 20분간 더 발효한 뒤 1차 발효를 완료한다.

⑤ 1차 발효가 완료된 반죽을 넓게 펼쳐 커팅을 준비한다.

⑥ 반죽을 300g씩 분할한다.

⑦ 분할한 반죽을 둥글리기한다.

⑧ 둥글리기가 끝난 반죽은 10분간 벤치타임을 갖는다.

⑨ 벤치타임이 끝난 반죽을 밀대로 밀어편다.

⑩ 밀대로 밀어편 반죽 위에 가나슈를 30g씩 바른다.

⑪ 가나슈를 바른 반죽을 원루프 모양으로 돌돌 말아 성형한다.

⑫ 가나슈가 밖으로 새어나오지 않도록 이음매부분을 꼼꼼하게 붙여준다.

⑬ 35℃, 80% 습도 발효실에서 틀 높이까지 2차 발효에 들어간다. 2차 발효가 끝나면 컨벡션 오븐에 넣어 165℃에서 20분간 굽는다.

TIP 반죽 속에 사용하는 가나슈 양을 늘리게 되면 반죽이 터질 확률이 높으므로 주의하여 적당량을 사용하는 것이 좋다. 반죽 속에 사용하는 초코칩은 내열성이 강한 것을 사용하는 게 좋다.

부추빵 *chives bread*

배합표		
강력분 800g	이스트 40g	설탕 120g
소금 12g	분유 16g	개량제 16g
버터 120g	계란 3ea	물 300g

충전물		
부추 110g	삶은 감자 2ea	햄 224g
마요네즈 100g	소금 4g	흰후추 4g
흰깨 8g	삶은 계란 5ea	

감자와 계란을 으깬 후 부추 2~3cm, 햄 5mm로 썰어 전 재료를 넣고 혼합.

만드는 과정

① 버터, 충전물을 제외한 전 재료를 믹싱 볼에 넣고 믹싱 후 클린업단계에서 버터를 투입하고 최종단계까지 믹싱

② 1차발효 : 27℃, 상대습도 75~85%에서 50~60분 발효

③ 분할 : 60g 분할하여 둥글리고, 중간발효.

④ 성형 : 충전물 30g 포항 후 팬에 살짝 눌러주며 팬닝.

⑤ 2차발효 : 35℃, 상대습도 80~85%에서 20~30분

⑥ 굽기 : 발효실에서 꺼내 윗면에 칼집을 넣고 윗불 190℃, 아랫불 160℃에서 13~15분 굽기.

블루베리 베이글 *Blueberry bagel*

배합표			
	강력분 700g	드라이 이스트 16g	설탕 36g
	소금 14g	물 440g	올리브오일 40g
	드라이 블루베리 200g		

만드는 과정

① 전 재료를 섞어서 반죽한다.

② 반죽은 최종단계까지 믹싱한다.

③ 전 처리한 드라이 블루베리를 넣고 살짝 섞어준다.

④ 1차 발효 후 80g씩 분할하여 둥글리기하고 10~15분 중간발효 시킨다.

⑤ 반죽을 두 번에 나누어 길게 밀어준다.

⑥ 둥근 모양으로 성형하여 2차 발효 시킨다.

⑦ 물에 소량의 물엿을 넣고 끓인다. 발효된 반죽을 넣고 앞뒤로 뒤집어 삶는다.

⑧ 오븐온도 210~220℃에서 18~25분 굽는다.

1

2

3

양파 베이컨 바게트 *onion bacon baguette*

배합표	강력분 1000g	설탕 40g	소금 20g
	분유 20g	물 750g	올리브오일 50g
	건조양파 30g	생이스트 35g	스펀지 300g
	르방 리퀴드 300g		

충전물	크림치즈 200g	양파 2개	베이컨 10개
	통후추 1g	소금 5g	롤치즈 500g
	가는 에멘탈 치즈 500g		

만드는 과정

① 강력분, 설탕, 물, 분유 혼합 후 30분간 오토리제 한다.

② 오토리제가 끝난 후 소금과 올리브오일을 넣고 믹싱을 80%까지 완료한다.

③ 30분 후 넓게 펼쳐진 반죽상태가 되면 접기를 한다.

④ 힘을 가하지 않고 양끝을 손바닥으로 가볍게 들어 각 2/3 지점까지 접은 후 상, 하 한 번씩 접어 네모나게 만들어준다.

⑤ 접기를 준 후 5℃ 냉장고에 15시간 저온 숙성한다.

⑥ 발효 완료된 반죽을 200g씩 분할한 뒤 가볍게 둥글린 후 40분간 실온에서 벤치타임에 들어간다.

⑦ 벤치타임이 끝나면 밀대로 밀어 가스를 빼주면서 늘려준다.

⑧ 베이컨을 미리 알맞은 크기로 잘라 오븐에서 3분간 구워 놓는다.

⑨ 양파는 사전에 깍두기 모양으로 썰어 후추와 함께 오븐에서 고루 섞어가며 구워 놓는다.

⑩ 충전물의 모든 재료를 한곳에 넣고 충전물이 으깨지지 않도록 가볍게 섞는다.

⑪ 밀대로 밀어 놓은 반죽에 충전물을 120g씩 올려 놓는다.

⑫ 충전물이 밖으로 새지 않게 스틱모양으로 말아준다.

⑬ 성형이 끝난 반죽의 윗면에 물을 바르고 혼합 치즈를 1/2 정도 묻혀준다.

⑭ 실리콘 페이퍼에 패닝 후 자연발효실에서 40~50분간 2차 발효 완료한 뒤 상 260℃, 하 230℃의 유로오븐에서 스팀 후 10분간 굽는다.

> TIP 베이컨은 너무 바싹 익지 않도록 하며 후추는 통후추를 갈아서 사용하면 향이 더욱 좋아진다.

13

14

크랜베리 모찌식빵 _cranberry mochi bread_

배합표		
강력분 1000g	설탕 110g	소금 20g
생이스트 35g	분유 20g	물 400g
우유 250g	버터 100g	르방 리퀴드 200g
탕종 100g	소프트T 100g	

충전물

크랜베리 150g

만드는 과정

① 버터와 크랜베리를 제외한 전 재료를 넣고 믹싱을 50%까지 한 뒤 버터를 넣고 90% 믹싱 후 크랜베리를 넣고 마무리한다.

② 믹싱된 반죽을 실온에서 20분간 발효한다.

③ 20분 뒤 상, 하, 좌, 우 접기를 한다.

④ 접기가 끝난 반죽을 20분간 더 발효한 후 1차 발효를 완료한다.

⑤ 발효를 마친 반죽은 넓게 펼친 후 분할준비를 한다.

⑥ 500g씩 분할 후 둥글리기를 한다.

⑦ 둥글리기가 끝난 반죽은 벤치타임을 10분간 갖는다.

⑧ 벤치타임이 끝난 반죽은 밀대를 이용하여 밀어편다.

⑨ 밀어편 반죽을 위, 아래로 접는다.

⑩ 접은 반죽은 방향을 바꿔 위아래로 길게 놓고 말아준다.

⑪ 35℃, 80% 습도 발효실에서 틀 높이까지 2차 발효에 들어간다. 2차 발효가 끝나면 컨벡션 오븐에 넣어 165℃에서 25분간 굽는다.

TIP 크랜베리 모찌식빵의 오븐 스프링을 좋게 하기 위해서는 접기와 1차 발효를 충분히 하고 믹싱이 오버되거나 부족할 경우 글루텐의 생성이 적어 볼륨이 작거나 찌그러짐 현상이 일어날 수 있다.

참치빵 *tuna bread*

배합표		
강력분 800g	박력분 200g	설탕 180g
소금 20g	분유 20g	생이스트 35g
계란 4개	몰트 10g	우유 250g
물 250g	르방 리퀴드 300g	버터 150g
탕종 50g		

충전물		
참치 200g	양파 200g	대파 20g
참기름 소량	올리브오일 50g	후추 소량
마요네즈 50g		

만드는 과정

① 버터를 제외한 전 재료를 넣고 믹싱을 50%까지 완료한 후, 버터를 넣고 90%까지 믹싱을 마무리한다.

② 믹싱된 반죽을 실온에서 20분간 발효한다.

③ 20분간 발효한 반죽을 상, 하, 좌, 우 접기를 하고 20분간 발효를 더 한다.

④ 1차 발효를 완료한 반죽은 넓게 펼쳐 분할을 준비한다.

⑤ 넓게 펼쳐진 반죽을 60g씩 분할한다.

⑥ 둥글리기를 마친 반죽은 10분간 벤치타임에 들어간다.

⑦ 충전물 재료를 준비한다.

⑧ 프라이팬에 올리브오일을 넣고, 팬을 달궈준다.

⑨ 양파, 대파를 넣고 가볍게 볶아준다.

⑩ 양파, 대파를 다 볶은 후 참치, 후추를 넣고 가볍게 섞어준다.

⑪ 볶은 충전물이 식으면 마요네즈를 섞어준다.

⑫ 벤치타임이 끝난 반죽을 가볍게 두드려 가스를 뺀 후 충전물을 70g씩 포앙한다.

⑬ 충전물 포앙 시 굽는 도중 터지는 경우가 발생하므로 이음매를 꼼꼼하게 마무리해 준다.

⑭ 철판에 패닝 후 발효실 35℃, 80% 습도에서 2배 크기까지 2차 발효에 들어간다. 2차 발효가 끝나면 상 240℃, 하 200℃의 유로오븐에서 10분간 굽는다.

TIP 충전물을 과하게 볶으면 식감이 나빠지므로 가볍게 볶도록 주의한다. 충전물 포앙 시 이음매를 꼼꼼히 하여 터짐을 방지한다.

김치 라이스 *kimchi rice*

배합표

강력분 800g	박력분 200g	설탕 180g
소금 20g	분유 20g	생이스트 35g
계란 4개	몰트 10g	우유 250g
물 250g	르방 리퀴드 300g	버터 150g
탕종 50g		

충전물

김치 250g	햄 150g	양파 100g
소금 4g	간장 10g	참기름 10g
파 20g	후추 소량	올리브유 50g
고춧가루 10g	설탕 10g	밥 250g

만드는 과정

① 버터를 제외한 전 재료를 넣고 믹싱 50%까지 완료 후, 버터를 넣고 90%까지 믹싱을 마무리한다.

② 믹싱된 반죽을 실온에서 20분간 발효한다.

③ 20분간 발효한 반죽을 상, 하, 좌, 우 접기를 하고 20분간 발효를 더 한다.

④ 1차 발효를 완료한 반죽은 넓게 펼쳐 분할을 준비한다.

⑤ 넓게 펼쳐진 반죽을 60g씩 분할한다.

⑥ 둥글리기를 마친 반죽은 10분간 벤치타임에 들어간다.

⑦ 충전물 재료를 준비한다.

⑧ 프라이팬에 올리브오일을 넣고, 팬을 달궈준다.

⑨ 파, 양파를 넣고 가볍게 볶아준 뒤 나머지 재료를 넣고 가볍게 볶아준다.

⑩ 볶아준 재료에 전자레인지에 데운 밥을 넣고 섞어준다.

⑪ 완성된 충전물의 모습이다.

⑫ 벤치타임이 끝난 반죽을 가볍게 두드려 가스를 뺀 후 충전물을 70g씩 포앙한다.

⑬ 표면에 물을 바른 후 빵가루를 묻혀준다.

⑭ 철판에 패닝 후 발효실 35℃, 80% 습도에서 2배 크기까지 2차 발효한다, 발효가 끝나면 윗 240℃, 아래 200℃의 뉴노오븐에서 12분간 굽는다.

TIP 빵가루를 묻힐 때 앞뒤를 구분해서 패닝해야 구울 때 터짐을 방지할 수 있다.

뺑 오 쇼콜라 *Pain au chocolate*

배합표			
	T55 600g	T45 350g	설탕 100g
	소금 20g	분유 40g	버터 50g
	생이스트 40g	물 350g	우유 250g

충전물	
	충전용 버터(프랑스 버터) 500g

만드는 과정

① 전 재료를 넣고 발전단계까지 믹싱한다. 반죽온도는 22℃로 한다.

② 넓은 비닐을 준비해 반죽을 감싼 후, 정사각형으로 밀어편다. 실온에서 30분 발효 후 냉동실에서 2시간 휴지시킨다.

③ 500g의 버터를 두드려 밀어편 후 비닐에 정사각형으로 감싸 냉장으로 준비해 놓는다.

④ 두 시간 뒤에 준비된 반죽과 속 버터의 사진이다.

⑤ 반죽에 버터를 넣고 감싸준다.

⑥ 반죽과 버터가 분리되지 않도록 가로, 세로를 밀대로 꾹꾹 눌러준다.

⑦ 반죽을 8mm로 길게 밀고 절반을 접어준다.

⑧ 절반을 접은 반죽에 반을 더 접는다.(4절 1회, 냉동휴지 20분)

⑨ 4절 1회 냉동휴지가 끝난 반죽을 다시 8mm로 밀어편 후 1/3 지점에서 접고 나머지 부분을 접는다.

⑩ 냉동고에 20분간 휴지시킨다.(3절 1회, 완료)

⑪ 냉동휴지를 마친 최종반죽을 가로 45cm로 하여 4mm로 길게 밀어펴준다. 세로로 8cm씩 자른 후, 15cm로 3등분한다. 재단이 끝난 반죽에 초코스틱을 한 개씩 겹쳐 두 개를 올린 후, 말아준다.

⑫ 철판에 패닝 후, 발효실 28℃, 습도 75%에서 90분간 발효한다.

⑬ 발효가 끝난 반죽은 윗면에 계란물을 바르고, 컨벡션 오븐 180℃에서 15분간 굽는다.

> TIP 뺑 오 쇼콜라는 초콜릿에 카카오 함량에 따라 맛이 강하고 단맛이 난다. 선택적으로 카카오 함량을 바꾸어주는 것도 가능하다.

제빵 GCD 교안

학생 주도형 실습 수업 지향

※ GCD 수업이란?

교수 주도의 일방적인 수업 방식이 아닌 학생이 주도가되어 수업의 주제, 방향을 정하고 이끌어감으로 학습 내용에 대한 이해도와 성취도를 향상시며, 창의적 수업 진행을 통해 학생들 스스로 탐구하는 힘을 길러줄 수 있는 프로그램이다.

※ GCD 수업방법

- 학생의 need가 반영된 교육프로그램
- 나만의 창작 메뉴 개발 → 창작메뉴 대회 진행 → 제품 평가 및 피드백 → 카페 메뉴로 출시
- 학생들의 흥미 유도와 동기부여를 통해 자발적 학습태도 형성

기존 교육 프로그램 운영

학생 Need 반영된 교육 프로그램

프로그램 재구성 및 교수 티칭

GCD 교육 프로그램 완성

1. 크림치즈 종류에 따른 작업성 및 제품 변화에 대하여 실험하고 분석한다.
(기본 표본 없이 필링의 농도를 3가지로 만들어 진행)

(ㄱ) 끼리크림치즈를 사용한 제품 생산.

(ㄴ) 필라델피아크림치즈를 사용한 제품 생산.

(ㄷ) 데어리몬트크림치즈를 사용한 제품 생산.

G.C.D수업 평가표

	비교 조건(원재료 차이)		
	끼리크림치즈	필라델피아크림치즈	데어리몬트크림치즈
크림치즈 되기			
크림치즈 작업성			
제품과의 조화			
제품의 향			
제품의 맛			
제품 내부 기공			
제품 내부 색상			

평가표 외 비교, 평가 내용

2. 야채빵 충전물 재료 변경이 제품 변화에 미치는 영향을 비교한다.

㈀ 충전물 주재료를 양배추로 사용한 제품 생산.

㈁ 충전물 주재료를 양상추로 사용한 제품 생산.

G.C.D수업 평가표

	비교 조건(원재료 차이)	
	충전물 양배추	충전물 양상추
충전물 포앙 작업성		
제품과의 조화		
제품의 향		
제품의 맛		
제품 내부 기공		
제품 내부 색상		

평가표 외 비교, 평가 내용

3. 튀김소보로 토핑 버터 함량이 제품 변화에 미치는 영향을 비교한다.
(기본 표본 없이 필링의 농도를 3가지로 만들어 진행)

(ㄱ) 토핑에 사용한 버터함량 0% 제품 생산.

(ㄴ) 토핑에 사용한 버터함량 25% 제품 생산.

(ㄷ) 토핑에 사용한 버터함량 50% 제품 생산.

G.C.D수업 평가표

	비교 조건(버터 함량)		
	버터함량 0%	버터함량 25%	버터함량 50%
크림치즈 되기			
크림치즈 작업성			
제품과의 조화			
제품의 향			
제품의 맛			
제품 내부 기공			
제품 내부 색상			

평가표 외 비교, 평가 내용

4. 제빵 공정 중 믹싱 단계에 따른 제품 변화에 대하여 실험하고 분석한다.
(단 발효시간, 오븐온도, 베이킹 시간을 동일한 조건으로 진행)

㉠ 제빵 반죽의 기본 믹싱 최종단계(중속 12분 믹싱)의 제품 생산.

㉡ 발전단계 초기(중속 5분 믹싱)의 제품 생산.

㉢ 발전단계 중.후기(중속 9분 믹싱)의 제품 생산.

㉣ 렛다운단계(중속 15분 이상)의 제품 생산.

G.C.D수업 평가표

	비교 조건(믹싱 단계)			
	최종단계	발전단계(초기)	발전단계(중·후기)	렛다운단계
제품의 볼륨	본 표본을 기준 제품으로 비교, 평가한다.			
제품의 색상				
제품의 구조력				
제품의 향				
제품의 맛				
제품 내부 기공				
제품 내부 색상				

평가표 외 비교, 평가 내용

5. 제빵 재료 중 이스트 함량에 따른 제품 변화에 대하여 실험하고 분석한다.

(단 밀가루 1kg 대비 이스트 3%(30g), 믹싱시간, 발효시간, 오븐온도, 베이킹 시간을 동일한 조건으로 진행)

(ㄱ) 제빵 반죽의 기본 함량 30g로 제품 생산.

(ㄴ) 기본 이스트보다 20g로 낮춰 10g으로 제품 생산.

(ㄷ) 기본 반죽보다 10g로 높인 40g으로 제품 생산.

(ㄹ) 기본 반죽보다 10g로 높인 50g으로 제품 생산.

G.C.D수업 평가표

	비교 조건(이스트 함량)			
	30g	10g	40g	50g
제품의 볼륨	본 표본을 기준 제품으로 비교, 평가한다.			
제품의 색상				
제품의 구조력				
제품의 향				
제품의 맛				
제품 내부 기공				
제품 내부 색상				

평가표 외 비교, 평가 내용

3부
제과실습

에그타르트 *egg tart*

배합표	박력분 480g	버터 320g	설탕 192g
	소금 6g	물 120g	

필링	박력분 50g	설탕 295g	노른자 128g
	우유 640g	생크림 448g	바닐라엑기스 6g

① 생크림, 우유, 설탕 1/2을 넣고 80℃까지 끓여준다.
② 노른자, 설탕 1/2, 박력분을 골고루 섞은 후 노른자기 익지 않도록 1을 천천히 넣으며 혼합한다.
③ 2를 체에 거르고 윗면의 거품을 제거한다.

만드는 과정

① 체친 박력분과 버터를 테이블 바닥에 올려 콩알 크기로 다진다.(스코틀랜드 파이법)

② 다져진 가루와 버터 가운데 구멍을 만들고 설탕, 소금ㅂ을 녹인 물을 부운 후 글루텐형성을 최소화하여 치대준다.

③ 비닐에 1cm 두께로 평평에게 펼쳐서 냉장고에서 40~50분 휴지 시킨다.

④ 파이반죽을 40g 정도 분할 후 0.3cm로 밀어펴 팬닝 후 미리 제조한 필링을 85~90% 충전한다.

⑤ 윗불 200℃, 아랫불 220℃에서 25분 베이킹.

뉴욕 치즈케이크 *New york cheese cake*

배합표

크림치즈 1360g	설탕 350g	노른자 5개
전란 7개	레몬 1개	바닐라 빈 1개
생크림 150g	다이제스트 300g	버터 50g
흰자 30g		

만드는 과정

① 밀대나 다른 도구를 사용하여 다이제스트 쿠키를 가루 형태로 만든다.

② 녹인 버터와 흰자를 넣고 섞어준다.

③ 몰드바닥에 쿠키를 깔아준다.

④ 크림치즈에 설탕을 넣고 저어준다.

⑤ 노른자를 넣고 저어준다.

⑥ 전란을 조금씩 넣어 면서 저어준다.

⑦ 레몬즙 생크림을 넣어준다.

⑧ 바닐라 빈을 넣고 저어준다.

⑨ 150℃ 오븐에서 중탕으로 90~120분 굽는다.

엘리게이터 파이 *alligator pie*

배합표 파이반죽	박력분 312g 충전용 파이버터 168g	소금 2g	물 170g

충전물	박력분 24g 버터 120g	흑설탕 72g	황설탕 48g

버터를 포마드화 시키고 박력분, 흑설탕, 황설탕을 먼저 섞은 후 버터와 혼합한다.

토핑	피칸(홀) 72g	호두(분태) 48g	노른자 1ea

만드는 과정

① 충전용 버터를 제외한 모든 재료를 넣고 발전단계 초기까지 믹싱을 완료한다.

② 휴지 : 반죽을 비닐로 싸서 냉장고에서 20~30분간 휴지시킨다.

③ 휴지시킨 반죽 위에 충전용 버터를 올리고 반죽으로 싸준다.

④ 밀어 펴기1 : 반죽을 일정한 두께의 직사각형으로 밀어 펴고 3겹 접기를 2회 진행하고 다시 비닐에 싸서 냉장고에 휴지시킨다.

⑤ 밀어 펴기2 : 반죽을 밀어 펴고 충전물을 1/3씩 2회 나누어 반죽에 바르고 3겹 접기 마무리 후 비닐에 싸서 냉장고에 휴지시킨다.

⑥ 밀어 펴기3 : 철판 2/3 크기로 밀어펴고 스파이크 롤러를 사용해 표면에 구멍을 낸다.

⑦ 노른자물을 바르고 토핑을 앉고 홍차시럽을 바른다.

⑧ 윗불 190℃, 아랫불 200℃에서 25분 베이킹(베이킹 중간 홍차시럽을 2~3회 발라준다.)

아몬드 애플파이 *Almond apple pie*

배합표			
	강력분 550g	달걀 60g	버터 50g
	소금 5g	찬물 300g	충전용 버터 500g

아몬드 크림			
	아몬드 파우더 250g	슈가파우더 250g	버터 250g
	달걀 160g	럼 30g	

① 볼에 버터를 넣고 부드럽게 한 다음 설탕을 넣고 크림상태로 만들어준다.
② 달걀을 풀어 조금씩 넣으면서 부드러운 크림상태로 만들어준다.
③ 체, 친 아몬드파우더를 넣고 반죽을 한 다음 브랜디를 넣고 아몬드크림을 완성한다.
④ 캐러멜(진한 갈색)이 되면 불에서 내려 버터를 넣고 섞어준다.
⑤ 다른 그릇으로 바꾸어 아몬드를 실리콘 몰드에 부어놓고 한 개씩 분리한다. 뜨거울 때 분리해야 잘 떨어진다.
⑥ 냉각시킨 아몬드를 녹인 초콜릿에 넣고 묻혀서 꺼내어 코코아파우더 또는 슈거파우더를 묻힌다.

만드는 과정

① 충전용 버터를 제외한 모든 재료를 넣고 발전단계 초기에 믹싱 완료한다.

② 휴지 : 반죽을 비닐로 싸서 냉장고에 20~30분 휴지시킨다.

③ 휴지시킨 반죽위에 충전용 버터를 올리고 반죽으로 싸준다.

④ 밀어 펴기 : 반죽을 일정한 두께의 직사각형으로 밀어 펴고 3겹 접기를 4회한다. 매회 접기 후 냉장고에서 휴지한다.

⑤ 밀어 펴기 할 때 모서리는 직각이 되도록 하고 덧 가루는 붓으로 털어 표피가 딱딱해지는 것을 방지한다.

⑥ 두께 0.8cm로 반죽을 밀어서 원형 몰드로 찍는다.

⑦ 바깥부분 1cm을 남기고 아몬드 크림을 짜준다.

⑧ 사과 껍질을 벗기고 조금 두껍게 잘라서 돌려가면서 올린다.

⑨ 황설탕을 적절하게 뿌리고 200℃에서 20~25분 굽는다.

호박파운드 *pumpkin pound*

배합표 파이반죽		
버터 360g	계란 410g	중력분 335g
분유 16g	설탕 450g	노른자 76g
베이킹파우더 10g	호박분말 20g	럼 45g
슬라이스밤 120g	호두분태 150g	단호박 560g

충전물		
단호박 300g	설탕 187g	물 250g

① 단호박을 슬라이스 해주고 물과 설탕을 끓여 시럽을 만든다.
② 슬라이스 단호박을 시럽에 넣고 뚜껑을 덮는다.
③ 중간중간 단호박을 위, 아래로 섞어주며 80% 가량 익힌다.(시럽은 버리지 않고 살짝 졸여서 완제품 윗면에 광택재로 사용)

만드는 과정

① 버터를 풀어주고 설탕을 넣어 크림화

② 계란과 노른자를 4~5회 나누어 넣으며 부드러운 크림을 만든다.

③ 중력분, 베이킹파우더, 탈지분유, 호박분말을 체질 후 혼합

④ 전처리 단호박 1/2, 호두분태, 슬라이스밤, 럼을 넣고 혼합

⑤ 팬닝 : 은박컵에 유산지를 넣고 160g 팬닝

⑥ 굽기: 윗불 220℃, 아랫불 200℃에서 5~7분 굽고 꺼내서 윗면에 남은 단호박을 올리고 윗불 180℃, 아랫불 170℃에서 20~25분 굽기

치즈 다쿠아즈 *Cheese Dacquoise*

배합표 다쿠아즈	흰자 200g	설탕 70g	바닐라 향 소량
	슈거파우더 70g	박력 20g	아몬드파우더 140g
	레몬주스 10g		

충전물 치즈 필링	슈거파우더 50g	크림치즈 240g	레몬 1개
	버터 30g		

① 실온에 둔 크림치즈와 버터를 부드럽게 크림화시킨다.
② 슈거파우더를 섞어준다.
③ 레몬 제스트와 레몬주스를 넣고 섞어준다.

만드는 과정

① 흰자에 바닐라 향을 넣고 거품 올린다.

② 설탕을 조금씩 부어주면서 단단한 머랭을 만든다.

③ 레몬주스를 넣어준다.

④ 슈거파우더, 박력분, 아몬드파우더를 체 친 후 섞어준다.

⑤ 짤주머니에 반죽을 넣어서 2.5~3cm 타원형으로 짜준다.

⑥ 슈거파우더를 뿌려준다.

⑦ 오븐온도 180℃에서 15~20분간 굽는다.

⑧ 식으면 필링을 짜고 붙여준다.

1

2

3

4

5

6

7

에클레르 *Eclair*

배합표			
	물 250g	우유 250g	소금 4g
	버터 265g	설탕 6g	박력 300g
	달걀 500g		

커스터드 크림			
	우유 450g	버터 45g	노른자 5개
	설탕 115g	박력분 55g	바닐라 빈 1개
	소금 2g		

① 우유 바닐라 빈을 뜨겁게 데운다.
② 설탕, 노른자, 소금을 섞어준 다음 체 친 밀가루를 섞어준다.
③ 1+2를 섞어서 불 위에서 걸쭉한 단계까지 저어준다.
④ 불에서 내린 다음 버터를 넣고 저어 준다.
⑤ 크림이 식으면 원하는 맛을 만들어 에클레르 껍질에 채운다.

만드는 과정

① 물, 우유, 버터, 소금, 설탕을 끓인다.

② 가루재료는 끓는 물에 넣고 충분히 저어서 호화시킨다.

③ 호화된 반죽을 믹싱 볼에 넣고 저어주면서 달걀을 천천히 넣어준다.

④ 윤기가 있고 걸쭉한 상태가 되면 내려서 팬에 짜준다.

⑤ 반죽 표면에 물을 충분히 묻히고 오븐에서 굽는다.

⑥ 오븐온도 윗불 200℃ 밑불 210℃ 20분 전후에서 굽는다.

⑦ 슈 끝부분이나 밑 부분에 구멍을 내고 크림을 채운다.

⑧ 화이트 혼당에 색을 내어서 찍어준다.

1

2

3

4
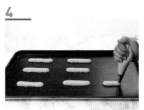

5

스톤슈 *stone chou*

배합표	우유 54g	버터 128g	소금 2g
슈반죽	설탕 3g	물 214g	중력분 160g
	계란 288g(5~6ea)		

충전물	커스터드믹스 240g	물 560g	골드라벨 400g

① 커스터드믹스와 물을 넣고 혼합
② 골드라벨을 80% 휘핑 후 1과 혼합

  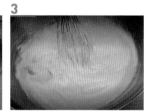

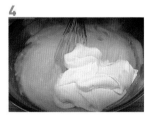 

토핑	버터 100g	설탕 100g	박력분 100g
	아몬드분말 60g		

① 버터를 포마드화 시킨 후 설탕을 넣고 크림화.
② 1에 체친 박력분, 아몬드분말을 넣고 한덩어리가 되도록 혼합 후 냉장 보관.

만드는 과정

① 물, 우유, 버터, 소금, 설탕을 넣은 혼합물이 끓기 시작하면 체친 가루를 넣은 후 약불로 줄여 90~120초 주걱으로 혼합하여 호화시킨다.

② 계란을 3~4회 나누어 넣으며 윤기가 흐르고 반죽에 끈기가 있어 뚝뚝 끊어지며 떨어지는 되기까지 섞어준 후 젖은 헝겊으로 덮는다.

③ 성형 : 슈반죽을 짤주머니를 이용해 팬에 짜준 후 분무기로 윗면에 물을 뿌린다. 냉장한 토핑 반죽을 밀대로 얇게 밀어 원형 깍지로 찍어 슈반죽위에 올린다.

④ 굽기 : 윗불 190℃, 아랫불 200℃에서 15분 굽고 윗불 170℃, 아랫불 160℃으로 낮춰 15분 굽기(굽기과정 중간에 오븐 문을 열면 슈 반죽이 앉는다.)

⑤ 굽기 완료된 슈에 크림을 넣어 마무리

레몬 머랭 타르트 *Lemon Meringue Tart*

배합표 **파트 사브레**	버터 350g	설탕 180g	달걀 1개
	박력분 530g	베이킹파우더 6g	

레몬 크림	설탕 75g	노른자 100g	레몬주스 100g
	젤라틴 2g		

① 노른자와 설탕을 섞어 놓는다.
② 레몬주스를 끓여 노른자에 넣고 크렘 앙글레이즈를 만든다.
③ 크림이 뜨거울 때 얼음물에 불린 젤라틴을 넣고 저어준다.
④ 구워놓은 타르트 비스킷에 화이트초콜릿을 바른다.
⑤ 레몬 크림을 비스킷에 채운다.
⑥ 이탈리안 머랭을 올리고 토치로 색깔을 낸다.

만드는 과정

① 상온에 둔 부드러운 버터에 설탕을 넣고 주걱으로 섞어준다.

② 달걀을 2~3회에 나누어서 넣으면서 저어준다.

③ 체 친 박력분과 베이킹파우더를 넣고 주걱으로 가볍게 섞어준다.

④ 완성된 반죽을 비닐에 싸서 평평하게 만들어 냉장고에서 휴지시킨다.

⑤ 휴지시킨 반죽을 꺼내어 밀어서 타르트 크기에 맞게 자른다.

⑥ 자른 반죽을 타르트 틀에 넣고 모양을 만들어 준다.

⑦ 유산지 종이를 깔고 쌀 또는 콩, 팥을 넣고 오븐온도 200℃에서 굽는다.

⑧ 오븐에서 타르트 껍질 부분이 색깔나면 꺼내어 채운 내용물을 제거하고 다시 오븐에 넣어서 색깔을 고르게 낸다.

크림치즈 타르트 *Cream Cheese Tart*

배합표		
설탕 100g	버터 200g	박력분 300g
소금 1g	베이킹파우더 2g	달걀 1개

치즈반죽		
크림치즈 340g	설탕 125g	달걀 3개
박력분 40g	전분 20g	레몬 1개
생크림 80g		

① 비스킷 반죽은 3~4mm로 밀어 팬에 깔아 놓는다.
② 크림치즈와 설탕을 섞어서 저어가면서 부드럽게 해준다.
③ 달걀을 하나씩 넣어 주면서 저어준다.
④ 레몬 제스트와 레몬즙을 넣고 저어준다.
⑤ 박력분과 전분을 체 쳐서 넣고 섞어준다.
⑥ 생크림을 휘핑하여 섞어준다.
⑦ 반죽을 3~4mm로 밀어서 준비된 몰드에 깔아준다.
⑧ 비스킷 팬에 반죽을 90% 채운다.
⑨ 오븐온도 170~180℃에서 20~25분간 굽는다.

만드는 과정

① 설탕, 소금과 포마드 상태의 버터를 섞어서 부드럽게 해준다.

② 달걀을 넣고 섞어준다.

③ 체 친 밀가루와 베이킹파우더를 넣고 반죽한다.

④ 반죽을 비닐에 싸서 냉장고에서 휴지시킨다.

⑤ 냉장고에서 반죽을 꺼내어 밀대로 밀어서 몰드에 맞게 반죽을 깔아준다.

⑥ 포크나 도구를 이용하여 반죽표면에 구멍을 내준다.

자몽 타르트 *Grapefruit Tart*

배합표 슈거도	설탕 100g 소금 1g	버터 200g 베이킹파우더 2g	박력분 300g 달걀 1개
기타	화이트초콜릿	자몽	
커스터드 크림	우유 450g 설탕 110g 바닐라 빈 1개	버터 30g 박력분 55g 그랑 마르니에 15g	노른자 4개 소금 1g

① 바닐라 빈 껍질의 한 면을 자른 다음, 씨를 발라서 껍질과 같이 우유에 넣고 약한 불에서 끓기 직전까지 데운다.
② 달걀노른자에 설탕과 소금을 넣고 저어준다.
③ 체 친 밀가루를 섞어준다.
④ 데운 우유를 2~3번에 나누어 넣으면서 섞어준다.(바닐라 빈 껍질은 제거해준다.)
⑤ 다시 불 위에 올려 되직한 상태가 될 때까지 거품기로 저어준다.
⑥ 불에서 내린 후 조금 있다가 버터를 넣고 섞어준다.
⑦ 완전히 식으면 그랑 마르니에를 섞어준다.

만드는 과정

① 설탕, 소금과 포마드 상태의 버터를 섞어서 부드럽게 해준다.

② 달걀을 넣고 섞어준다.

③ 체 친 밀가루와 베이킹파우더를 넣고 반죽한다.

④ 반죽을 비닐에 싸서 냉장고에서 휴지시킨다.

⑤ 반죽을 2~3mm로 밀어서 준비된 타르트 몰드에 깔아준다.

⑥ 포크로 구멍을 낸 다음 냉장고에 1시간 휴지시킨다.

⑦ 오븐온도 200℃에서 10~12분 정도 구워 낸다.

⑧ 타르트 몰드가 작은 사이즈로 만들 경우는 반죽 두께를 조금 더 얇게 밀고 빨리 구워 내야 한다.

⑨ 타르트 비스킷이 식으면 화이트초콜릿을 녹여서 바른다.

⑩ 커스터드 크림을 짤주머니에 담아서 짜준다.

⑪ 자몽을 잘라서 올려 장식한다.

고구마 타르트 *Sweet Potato Tart*

배합표 슈거도	설탕 100g	버터 200g	박력분 300g
	달걀 1개		

고구마 크림	고구마 500g	꿀 50g	생크림 100g
	버터 50g		

① 고구마를 푹 찐다.
② 뜨거울 때 껍질을 벗기고 버터 꿀을 넣고 으깬다.
③ 덩어리가 있지 않도록 생크림을 조금씩 넣으면서 크림화시킨다.

만드는 과정

① 버터를 부드럽게 해준다.

② 설탕을 넣고 저어준다.

③ 달걀을 넣고 저어준다.

④ 체 친 밀가루를 넣고 반죽한다.

⑤ 반죽을 비닐에 싸서 냉장고에 넣는다.

⑥ 반죽을 밀어서 팬에 올리고 모양을 낸다.

⑦ 포크로 구멍을 내고 냉장고에서 휴지시킨다.

⑧ 오븐온도 185~190℃에서 20~25분간 굽는다.

⑨ 짤주머니에 고구마 크림을 넣어서 타르트 비스킷에 짜준다.

⑩ 달걀노른자를 바르고 오븐온도 220℃에서 색깔이 날 때 꺼낸다.

⑪ 식으면 꿀을 바르고 장식한다.

프로마쥬 타르트 *fromage tart*

배합표 타르트 반죽		
버터 192g	분당 96g	박력분 320g
아모드파우더 32g	소금 3g	바닐라슈거 3g
계란 3ea		

충전물		
설탕 90g	박력분 19g	전분 20g
계란 256g	생크림 400g	크림치즈 360g

① 크림치즈 중탕 후 풀어주고 설탕 1/2를 넣고 혼합.
② 1에 생크림을 조금씩 넣으며 덩어리가 생기지 않도록 천천히 혼합.
③ 2에 체친 가루와 설탕 1/2을 섞어서 넣은 후 혼합.

만드는 과정

① 체질한 가루에 버터를 넣고 콩알 크리고 다진다.

② 계란을 휘퍼로 풀고 바닐라슈거, 소금을 혼합 후 1과 섞어 한덩어리로 만든다.

③ 비닐에 평평하게 펴서 냉장 휴지.

④ 성형 : 반죽 80g을 1~2mm로 밀어펴 타르트 틀에 올려 모양 잡는다.

⑤ 굽기 : 필링 80% 충전 후 윗불 190℃, 아랫불 220℃에서 25~30분 굽기

체리 타르트 *Cherry Tart*

배합표 파트 쉬크레 (Pate Sucree)	박력분 180g 버터 100g	아몬드파우더 30g 달걀 1개	슈거파우더 90g 소금 1g
아몬드 크림	버터 80g 아몬드파우더 130g	설탕 90g 럼 50g	달걀 2개

① 버터와 설탕을 섞어서 부드럽게 해준다.
② 달걀을 넣으면서 저어준다.
③ 체 친 아몬드파우더를 넣고 섞어준다.
④ 럼을 넣고 섞어준다.
⑤ 짤주머니에 반죽을 넣어서 몰드에 80% 정도 채운다.
⑥ 오븐온도 185℃에서 20~25분간 굽는다.
⑦ 아몬드 크림 위에 시럽을 바르고 체리 잼 또는 커스터드 크림을 바른다.
⑧ 씨를 제거한 체리를 올리고 혼당을 바른다.

만드는 과정

① 박력분, 아몬드파우더, 슈거파우더를 체 친다.

② 상온에 둔 버터에 설탕과 소금을 넣고 부드럽게 해준다.

③ 달걀을 넣고 저어준다.

④ 반죽을 납작하게 하여 비닐을 싸서 냉장고에 넣는다.

⑤ 반죽을 3~4mm 정도로 균일하게 밀어서 타르트몰드에 올린다.

⑥ 손으로 몰드에 넣은 다음 모서리 부분을 접듯이 끼워 넣는다.

⑦ 밀대를 이용하여 반죽의 여분을 잘라낸다.

피칸 초콜릿 타르트 *Pecan Chocolate Tart*

배합표 파트 쉬크레 (Pate Sucree)	박력분 180g 버터 100g	아몬드파우더 30g 달걀 1개	슈거파우더 90g 소금 1g

피칸 필링	물엿 100g 달걀 220g	버터 10g 설탕 70g	다크초콜릿 26g 피칸 300g

① 물엿, 버터를 냄비에 넣고 뜨겁게 데워준다.
② 뜨거운 물엿에 초콜릿을 넣고 저어서 녹여준다.
③ 달걀을 거품이 나지 않도록 풀어준 다음 설탕을 섞어준다.
④ 고운체에 걸러준다.
⑤ 거품을 제거한다.
⑥ 준비해 놓은 몰드에 피칸을 채우고 필링을 부어준다.
⑦ 오븐온도 180℃에서 20~25분간 굽는다.

만드는 과정

① 박력분, 아몬드파우더, 슈거파우더를 체 친다.

② 상온에 둔 버터에 설탕과 소금을 넣고 부드럽게 해준다.

③ 달걀을 넣고 저어준다.

④ 반죽을 납작하게 하여 비닐에 싸서 냉장고에 넣는다.

⑤ 반죽을 3~4mm로 균일하게 밀어서 타르트몰드에 올린다.

⑥ 손으로 몰드에 넣은 다음 모서리 부분을 접듯이 끼워 넣는다.

⑦ 밀대를 이용하여 반죽의 여분을 잘라낸다.

초콜릿 타르트 *Chocolate Tart*

배합표 파트 사브레	버터 175g 박력분 260g	설탕 80g 베이킹파우더 2g	달걀 1개 다크초콜릿 200g
가나슈	다크초콜릿 330g 아몬드 브리틀 적당량	생크림 300g	버터 50g

① 생크림을 끓인다.
② 다크초콜릿에 넣고 저어준다.
③ 36℃ 정도로 되면 버터를 넣고 믹서로 가볍게 섞는다.

만드는 과정

① 상온에 둔 부드러운 버터에 설탕을 넣고 주걱으로 섞어준다.

② 달걀을 2~3회에 나누어서 넣으면서 저어준다.

③ 체 친 박력분, 베이킹파우더를 넣고 주걱으로 가볍게 섞어준다.

④ 완성된 반죽을 비닐에 싸서 평평하게 만들어 냉장고에서 휴지시킨다.

⑤ 반죽을 2~3mm로 밀어서 타르트 몰드에 넣고 구워 낸다.

⑥ 타르트 비스킷에 다크초콜릿을 녹여서 붓으로 칠한다.

⑦ 초코 가나슈를 채운다.

⑧ 타르트 가나슈가 굳으면 링 모양 깍지를 넣고 초콜릿을 짜준다.

⑨ 초콜릿 장식물을 올린다.

엥가디너 타르트 *Engadiner Tart*

배합표 슈거도	설탕 100g 달걀 1개	버터 200g	박력분 300g

호두 필링	설탕 200g 생크림 150g	물 30g 호두 300g	꿀 20g

① 호두 오븐에서 살짝 굽는다.
② 냄비에 물, 설탕, 꿀을 넣고 끓인다.
③ 캐러멜 색깔이 나면 생크림을 넣고 저어준다.
④ 호두를 넣고 저어준다. 캐러멜 윤기가 흐르고 끈적끈적할 때까지 저어준다.
⑤ 타르트 비스킷에 호두 필링을 채운다.

만드는 과정

① 버터를 부드럽게 해준다.

② 설탕을 넣고 저어준다.

③ 달걀을 넣고 저어준다.

④ 체 친 밀가루를 넣고 반죽한다.

⑤ 반죽을 비닐에 싸서 냉장고에 넣는다.

⑥ 반죽을 밀어서 팬에 올리고 모양을 낸다.

⑦ 포크로 구멍을 내고 냉장고에서 휴지시킨다.

⑧ 오븐온도 185~190℃에서 20~25분간 굽는다.

⑨ 최근에는 다양한 형태의 완제품 타르트 비스킷이 시장에 나와 있기 때문에 어렵지 않게 쉽게 만들 수 있다.

팔미에 *palmier*

배합표	강력분 80g	중력분 320g	소금 4g
파이반죽	찬물 176g	버터 20g	계란 80g
	충전용 버터 360		

만드는 과정

① 충전용 버터를 제외한 모든 재료를 넣고 발전단계 초기까지 믹싱을 완료한다.

② 휴지 : 반죽을 비닐로 싸서 냉장고에서 20~30분간 휴지시킨다.

③ 휴지시킨 반죽 위에 충전용 버터를 올리고 반죽으로 싸준다.

④ 밀어 펴기1 : 반죽을 일정한 두께의 직사각형으로 밀어 펴고 3겹 접기를 2회 진행하고 다시 비닐에 싸서 냉장고에 휴지시킨다.

⑤ 밀어 펴기2 : 반죽을 일정한 두께의 직사각형으로 밀어 펴고 3겹 접기를 2회 진행하고 다시 비닐에 싸서 냉장고에 휴지시킨다.

⑥ 밀어 펴기3 : 반죽에 설탕을 뿌리며 일정한 두께의 직사각형으로 밀어 펴고 3겹 접기를 1회 진행하고 다시 비닐에 싸서 냉장고에 휴지시킨다.

⑦ 밀어 펴기4 : 폭 30cm로 밀어펴 위 1/4, 아래 1/4로 접은 후 다시 반절을 접는다.

⑧ 너비 1.3cm로 자른고 윗면에 설탕을 묻혀 3개씩 팬닝.

⑨ 윗불 200℃, 아랫불 180℃에서 25분 베이킹.

> TIP 충전용 유기 사용량이 많아 밀어 펴기 3절3회 진행 후 구우면 버터가 새어나온다.

플로랑탱 아망드 *Florentine Almond*

배합표 사블레 반죽	버터 200g	슈거파우더 150g	달걀 2개
	소금 2g	바닐라 향 소량	박력분 400g
	아몬드파우더 80g		

플로랑탱	버터 40g	설탕 40g	꿀 50g
	물엿 40g	동물성 생크림 130g	슬라이스 아몬드 160g

① 아몬드를 오븐에 살짝 굽는다.
② 냄비에 버터, 설탕, 꿀, 물엿, 생크림을 넣고 106℃까지 끓인다.
③ 아몬드를 넣고 저어준다.
④ 살짝 구운 비스킷 위에 조린 아몬드를 올려서 펴고 210℃ 오븐에서 갈색이 날 때까지 굽는다.
⑤ 알맞은 크기로 자른 다음 템퍼링한 초콜릿에 찍는다.

만드는 과정

① 버터를 부드럽게 해준다.

② 슈거파우더와 소금을 넣고 섞어준다.

③ 달걀을 하나씩 넣으면서 저어준다.

④ 바닐라 향을 넣어준다.

⑤ 아몬드파우더, 박력분을 체 친 후 넣고 반죽한다.

⑥ 비닐에 싸서 냉장고에서 휴지시킨다.

⑦ 밀대로 반죽을 밀어서 포크로 구멍을 낸다.

⑧ 오븐온도 190℃에서 15~20분간 색깔이 조금 나기까지 굽는다.

⑨ 구운 비스킷 위에 아몬드 필링을 펴서 다시 오븐에 넣어서 색깔을 낸다.

아몬드 초코칩 비스코티 *Almond Chocolate Chip Biscotti*

배합표			
버터 120g	설탕 250g	달걀 2개	
소금 2g	박력분 380g	아몬드파우더 60g	
베이킹파우더 2g	홀 아몬드 150g	초코칩 70g	
바닐라 향 소량			

만드는 과정

① 버터, 설탕, 소금을 부드럽게 해준다.

② 달걀을 나누어 넣으면서 저어준다.

③ 밀가루, 베이킹파우더, 아몬드파우더를 체 친 후 넣고 반죽한다.

④ 홀 아몬드와 초코칩을 섞어준다.

⑤ 한 덩어리로 뭉쳐서 길게 성형한다.

⑥ 175℃에서 20~30분간 굽는다.

⑦ 완전히 식으면 얇게 자른다.

⑧ 팬에 놓고 185℃ 오븐에서 15~20분간 굽는다. 중간에 뒤집어 준다.

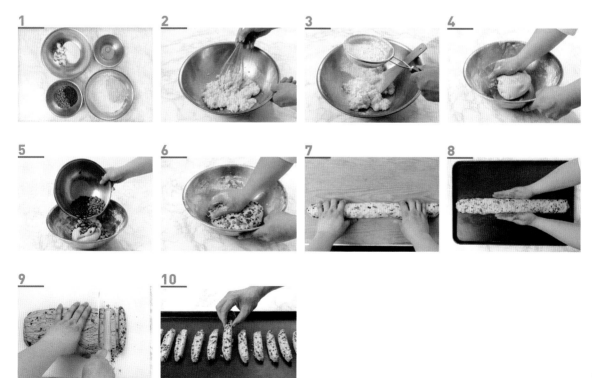

커피 피스타치오 비스코티 *Coffee Pistachio*

배합표		
버터 120g	설탕 250g	달걀 2개
소금 2g	박력분 380g	아몬드파우더 60g
베이킹파우더 2g	커피 엑기스 20g	피스타치오 200g

만드는 과정

① 버터, 설탕, 소금을 부드럽게 해준다.

② 달걀을 나누어 넣으면서 저어준다.

③ 커피 엑기스를 섞어준다.

④ 밀가루, 베이킹파우더, 아몬드파우더를 체 친 후 넣고 반죽한다.

⑤ 피스타치오를 섞어준다.

⑥ 한 덩어리로 뭉쳐서 길게 성형한다.

⑦ 175℃에서 20~30분간 굽는다.

⑧ 완전히 식으면 얇게 자른다.

⑨ 팬에 놓고 185℃ 오븐에서 15~20분간 굽는다. 중간에 뒤집어 준다.

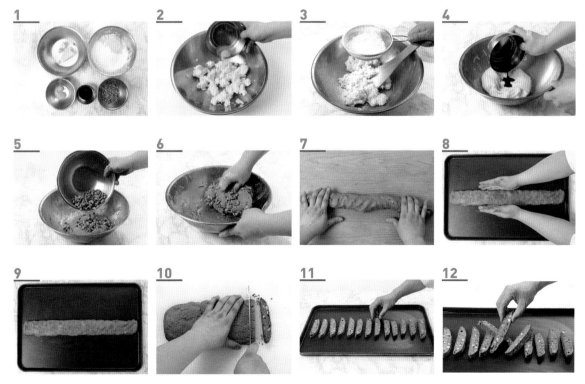

밀봉 카스테라 *castella*

배합표		
계란 8ea	노른자 13ea	설탕 490g
꿀 24g	트리몰린 10g	바닐라에센스 4g
우유 156g	중력분 400g	버터 112g

만드는 과정

① 계란, 노른자를 풀어준 후 트리몰린, 물엿, 꿀, 설탕을 넣고 중탕하여 휘핑.

② 1에 바닐라에센스를 넣고 혼합 후 체친 가루를 넣고 혼합.

③ 버터, 우유를 중탕으로 녹인 후 2와 혼합.(큰 기공을 깨주며 충분히 혼합)

④ 팬닝 : 은박컵에 유산지를 넣고 80% 팬닝.

⑤ 굽기 : 윗불 170℃, 아랫불 100℃에서 30분 굽기

피낭시에 *Financier*

배합표			
	박력분 100g	아몬드파우더 125g	레몬 1개
	전분 40g	설탕 300g	흰자 320g
	버터 225g	믹스필 100g	

만드는 과정

① 가루 재료를 모두 체 친다.

② 가루 재료와 설탕을 섞어준다.

③ 버터를 태워 정제 버터를 만든다.

④ 섞은 가루에 흰자를 천천히 섞어 풀어준다.

⑤ 레몬 제스트를 넣고 섞어준다.

⑥ 정제 버터를 넣는다.

⑦ 믹스필을 넣는다.

⑧ 냉장고에서 휴지시킨다(1시간).

⑨ 짤주머니에 반죽을 담아 몰드에 짜준다.

⑩ 오븐온도 190℃에서 10~13분간 굽는다.

까눌레 *Cannele*

배합표		
유유 400g	버터 32g	바닐라 빈 1개
달걀 72g	노른자 40g	설탕 130g
박력분 70g	아몬드파우더 30g	럼 20g

추가	
버터 100g	꿀 100g

만드는 과정

① 냄비에 우유, 버터, 바닐라 빈 씨를 발라낸 껍질과 함께 불을 약하게 해서 뜨겁게 데운다. 끓기 직전까지 데운다.

② 볼에 달걀과 노른자를 풀어준 후 설탕을 넣고 섞어준다.

③ 데운 우유를 반 정도 섞은 후 체 친 밀가루와 아몬드파우더를 넣고 섞어준다.

④ 남은 우유를 넣고 섞어준다. 그 후에 럼을 섞어준다.

⑤ 고운체에 반죽을 걸러서 하루 동안 휴지시킨다.

⑥ 전자레인지에 버터를 녹여서 꿀과 섞어준다.

⑦ 꿀과 섞은 버터를 까눌레 몰더에 바르고 반죽을 가득 채운다.

⑧ 오븐온도 190~195℃에서 40~50분간 굽는다.

1

2

3

4

5

6

7

8

9

구겔호프 *gugelhopf*

배합표	강력 1000g	설탕 230g	소금 15g
	탈지분유 50g	레몬 2개	버터 250g
	생 이스트 40g	노른자 160g	물 500g

충전물	크렌베리 300g	오렌지 필 50g	그랑마르니에 100g

만드는 과정

① 버터를 제외한 전 재료를 넣고 10분 반죽한다.

② 버터를 넣고 다시 반죽하여 매끄럽고 얇게 퍼진 상태까지 한다.

③ 전 처리한 과일을 밀가루 묻혀 반죽에 넣고 섞는다.

④ 1차발효 60~90분 충분히 발효시킨다.

⑤ 작업대에서 500g 분할하여 둥글리기 한다.

⑥ 중간 발효 후 성형하여 구겔호프 틀에 넣는다.

⑦ 온도 34℃ 습도 75-80% 발효실에서 틀의 90%까지 올라오게 발효한다.

⑧ 오븐온도 160/200℃에서 35-40분 굽는다.

가토 쇼콜라 *Gateau Au Chocolat*

배합표		
다크 초콜릿 250g	버터 150g	노른자 8개
설탕 100g	박력분 150g	코코아 75g
베이킹파우더 10g	흰자 8개	설탕 240g

만드는 과정

① 다크 초콜릿, 버터를 중탕으로 녹인다.

② 노른자에 설탕(100g)을 넣고 거품을 올린다.

③ 녹인 초콜릿 버터를 노른자에 섞는다.

④ 박력분 코코아, 베이킹파우더를 체 쳐서 섞는다.

⑤ 흰자, 설탕(240g)을 사용해 머랭을 만들어 넣고 반죽한다.

⑥ 150℃에서 20~25분간 굽는다.

코코넛 로쉐 *Coconut Rocher*

배합표			
	코코넛파우더 250g	설탕 200g	흰자 250g
	소금 1g	물엿 50g	다크 초콜릿 200g

만드는 과정

① 설탕, 물엿, 흰자, 소금을 중탕하여 주걱으로 저어준다.

② 설탕 입자가 녹으면 코코넛파우더를 넣고 저어준다.

③ 불에서 내려 짤주머니에 별모양 깍지를 넣고 반죽을 담아서 실리콘 패드 위에 짜준다.

④ 오븐온도 180~200℃에서 15~20분간 굽는다.

⑤ 초콜릿을 중탕하여 녹인다.

⑥ 초콜릿을 템퍼링하여 구운 코코넛 로쉐 바닥에 초콜릿을 바른다.

레몬 크랙쿠키 *Lemon Crackle Cookies*

배합표			
	레몬 2개	버터 60g	설탕 95g
	달걀 2개	레몬주스 박력분 260g	소금 2g
	베이킹파우더 6g	설탕	슈거파우더

만드는 과정

① 버터에 설탕과 소금을 넣고 크림화시킨다.

② 달걀을 하나씩 넣고 저어준다.

③ 레몬 제스트와 레몬주스를 넣고 저어준다.

④ 박력분과 베이킹파우더를 체 친 후 섞어준다.

⑤ 냉장고에서 휴지시킨다.

⑥ 팬에 실리콘 패드를 깔아준다.

⑦ 반죽을 떠서 둥글게 만든 다음 흰자를 바른다.

⑧ 설탕을 묻힌 다음 다시 슈거파우더에 굴러서 팬에 놓는다.

⑨ 오븐온도 180℃에서 15~20분간 굽는다.

인절미 쿠키 *Injeoimi Cookie*

배합표			
버터 120g	박력분 45g	슈거파우더 100g
소금 2g	아몬드파우더 50g	볶은 콩가루 90g
슬라이스 아몬드 60g		

만드는 과정

① 박력분, 슈거파우더, 소금, 아몬드파우더, 볶은 콩가루를 개량하여 두 번 체 친다.

② 단단한 버터를 잘게 잘라 넣고 가루와 섞어준다.

③ 보슬보슬한 상태까지 만들어준다.

④ 슬라이스 아몬드를 오븐에서 살짝 구워서 넣고 섞어준다.

⑤ 반죽 덩어리가 되도록 뭉쳐준다.

⑥ 팬에 실리콘 패드를 깔고 20g씩 분할하여 둥글게 만들어 놓는다.

⑦ 오븐온도 175~180℃에서 15~20분간 갈색 색깔이 날 때까지 구워준다.

⑧ 쿠키가 식으면 콩가루를 묻힌다.

팬시 쉬레드 치즈 쿠키 *fancy shredded cheese cookie*

배합표			
버터 140g	설탕 60g	박력분 280g
베이킹파우더 14g	생크림 190g	달걀 40g
파마산 치즈 120g		

토핑

생크림 100g   설탕 400g

볼에 설탕과 생크림을 넣고 가볍게 섞는다.

만드는 과정

① 버터와 설탕을 섞어준다.

② 박력분과 BP를 체 친 후 ①에 넣고 천천히 섞어준다.

③ 달걀과 생크림을 반죽에 천천히 넣어 섞어준다.

④ 파마산 팬시 쉬레드 치즈를 넣고 섞어준다.

⑤ 비닐로 싸서 냉장고에 넣고 휴지시킨다.

⑥ 50g씩 분할하여 둥글리기한 다음 실리콘 패드 위에 팬닝한다.

⑦ 짤주머니에 토핑 반죽을 담아서 짜준다.

⑧ 오븐온도 185℃에서 18~23분간 굽는다.

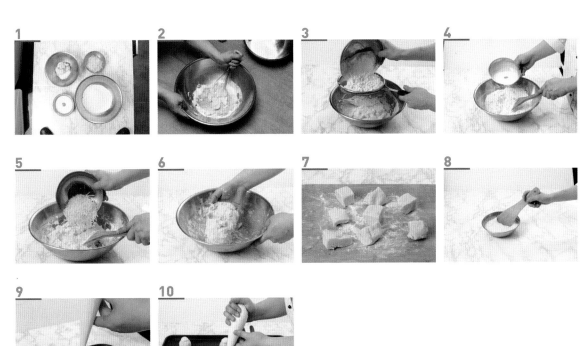

블루베리 쿠키 *Blueberry Cookie*

배합표			
	버터 140g	설탕 60g	박력분 300g
	베이킹파우더 14g	생크림 150g	달걀 60g
	냉동 블루베리 30g	드라이 블루베리 100g	

토핑

생크림 100g　　　　설탕 400g

볼에 설탕과 생크림을 넣고 가볍게 섞는다.

만드는 과정

① 건조 블루베리는 럼에 전처리해 놓는다. (하루 전에 건조 블루베리와 럼을 섞어서 랩으로 싸놓는다.)

② 버터, 설탕을 섞어준다.

③ 박력분과 BP를 체 친 후 ①에 넣고 천천히 섞어준다.

④ 달걀과 생크림을 반죽에 천천히 넣어 섞어준다.

⑤ 냉동 블루베리와 건조 블루베리를 넣고 섞어준다.

⑥ 비닐로 싸서 냉장고에 넣고 휴지시킨다.

⑦ 50g씩 분할하여 둥글리기한 다음 실리콘 패드 위에 팬닝한다.

⑧ 짤주머니에 토핑 반죽을 담아서 짜준다.

⑨ 오븐온도 185℃에서 18~23분간 굽는다.

크랜베리 넛 쿠키 *Cranberry Nut Cookie*

배합표

버터 140g	설탕 100g	소금 2g
달걀 1개	박력분 260g	베이킹파우더 4g
크랜베리 80g	피스타치오 30g	럼 30g

만드는 과정

① 피스타치오는 오븐온도 180℃에서 살짝 굽는다.

② 크랜베리는 하루 전 럼에 전처리해 놓는다.

③ 볼을 준비하여 실온에 둔 버터와 설탕을 섞어서 부드럽게 해준다.

④ 달걀을 넣고 저어준다.

⑤ 박력분과 베이킹파우더를 체 친 후 넣고 주걱으로 섞어준다.

⑥ 전처리한 크랜베리와 피스타치오를 넣고 섞어준다.

⑦ 둥근 막대형으로 성형하여 냉장고에 넣는다.

⑧ 반죽이 단단해지면 꺼내어 막대 모양으로 자른다.

⑨ 달걀물을 바르고 슈거파우더를 묻혀서 5mm 두께로 자른다.

⑩ 175℃에서 15~18분간 굽는다.

럼 트리프 *rum truffe*

배합표	쉘 화이트 초콜릿 40ea	쉘 다크 초콜릿 40ea	

충전물 화이트 가나슈	화이트 초콜릿 150g 버터 20g	생크림 200g 럼 20g	망고퓨레 40g

① 생크림을 끓여 화이트 초콜릿에 넣고 30초간 기다린 후 주걱으로 천천히 혼합.
② 1을 50℃로 식히고 버터를 넣어 혼합 후 중탕한 퓨레, 럼을 넣고 마무리.

충전물 다크 가나슈	다크 초콜릿 150g 버터 20g	생크림 200g 럼 20g	라스베리퓨레 40g

토핑	화이트 초콜릿 350g 피스타치오 20g	다크 초콜릿 350g 헤이즐넛 20g	아몬드슬라이스 20g

① 화이트 초콜리, 다크 초콜릿을 템퍼링하여 사용.
② 아몬드슬라이스, 헤이즐넛은 살짝 로스팅 후 다져서 사용.
③ 피스타치오는 천연색을 살리기 위해 다져서 바로 사용.

만드는 과정

① 쉘 화이트 초콜릿에 화이트 가나슈를 넣고 냉장 휴지.(쉘 다크 초콜릿 동일한 방법)

② 코팅용 화이트 초콜릿을 템퍼링해서 냉장 휴지시킨 쉘 화이트 초콜릿의 가나슈 윗면을 빈 틈 없이 막아준 후 냉장 휴지.(공정 3 진행시 코팅이 완벽하지 못하면 가나슈가 새어나올 수 있다)

③ 테퍼링한 초콜릿으로 표면을 코팅 후 견과류를 묻히거나 윗면에 초콜릿 무늬를 넣는다.

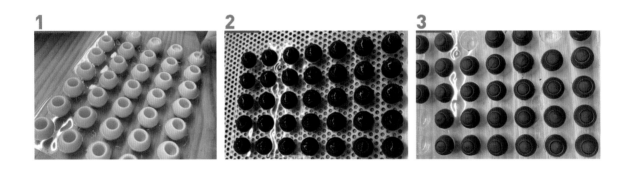

몰드 트리프 *mold truffe*

배합표	다크 초콜릿 500g		

충전물 가나슈	화이트 초콜릿 200g	생크림 200g	버터 20g
	럼 20g		

① 생크림을 끓여 화이트 초콜릿에 넣고 30초간 기다린 후 주걱으로 천천히 혼합.
② 1을 50℃로 식히고 버터를 넣어 혼합 후 중탕한 럼을 넣고 마무리.

만드는 과정

① 다크 초콜릿 템퍼링 후 몰드에 70% 채우고 공기를 뺀 후 몰드를 기울이며 모서리까지 초콜릿을 묻힌 후 1분 휴지.

② 몰드를 뒤집에 몰드 안에 아직 굳지않은 초콜릿을 빼준 후 몰드 윗면을 초콜릿 스크래퍼를 이용해 깔끔하게 마무리하여 냉장 보관.

③ 가나슈를 90% 채우고 평평하게 펼친 후 다시 냉장 보관.(가나슈 충전양에 따라 완성된 초콜릿의 부드럽기 차이 발생)

④ 템퍼링한 초콜릿으로 3의 윗면을 채우고 냉장 보관.

⑤ 초콜릿 휴지가 충분히 되었다면 유산지를 깔고 몰드를 살짝 내려쳐 몰드에서 초콜릿 분리.(템퍼링이 잘 되고 충분한 휴지가 이루어지면 초콜릿 표면의 광택이 살아난다.)

1

2

3

4

5

6

크렌베리 스콘 *Cranberry Scone*

배합표		
버터 120g	설탕 90g	소금 2g
베이킹파우더 16g	박력분 360g	우유 150g
달걀노른자 20g	크랜베리 120g	럼 50g

크랜베리와 럼을 섞어서 하루 전에 전처리해 놓는다.

만드는 과정

① 박력분과 베이킹파우더를 체 친다.

② 체 친 박력분에 버터를 넣고 손으로 섞어준다.

③ 두 손으로 비비듯이 하면 보슬보슬한 가루가 된다.

④ 가운데 부분에 홈을 만들고 설탕, 소금, 달걀노른자, 우유를 섞어서 넣고 반죽한다.

⑤ 전처리한 크랜베리를 넣고 가볍게 섞어준다.

⑥ 반죽을 비닐에 싸서 냉장고에서 휴지시킨다.

⑦ 반죽을 두께 1.6~2cm로 밀어서 휴지시킨 다음 칼로 자르거나 몰드로 찍어서 팬에 놓고 노른자를 바른다.

⑧ 오븐온도 185℃에서 20~25분간 굽는다. (크기에 따라서 시간은 다르다.)

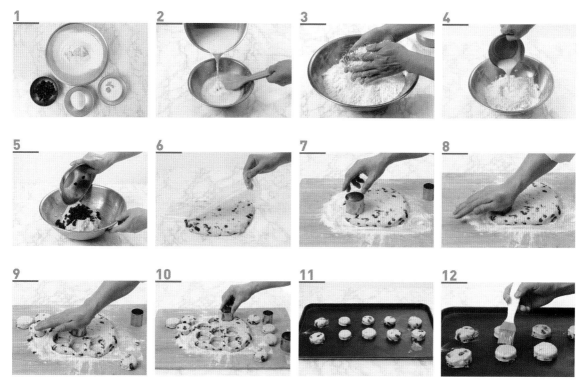

몽블랑 *Mont blanc*

배합표		
강력 700g	박력 300g	생 이스트 40g
소금 20g	설탕 120g	버터 100g
탈지분유 20g	물 300g	달걀 4개
롤인버터 500g		

몽블랑 시럽

설탕 420g	물 335g	럼 75g

설탕 물 끓인 다음 식혀서 럼을 넣는다.

만드는 과정

① 버터와 롤인버터를 제외한 전 재료를 넣고 반죽한다.

② 클린업 단계에서 버터를 넣고 발전단계 초기에서 반죽 완료한다.

③ 반죽을 비닐에 싸서 냉장고에서 30분간 휴지 시킨다.

④ 반죽을 밀어 펴기 한 후 롤인 버터를 감싸고 이음매를 붙여준다.

⑤ 반죽을 직사각형으로 밀어 펴기 하여 3겹 접기를 3회 실시한다.

⑥ 반죽을 밀어서 두께 4mm 폭 6cm 길이 50 자른다.(링 지름 15cm)

⑦ 둥글게 말아서 링 안에 넣는다.

⑧ 2차 발효 후 오븐온도 185℃ 25~30분 굽는다.

⑨ 오븐에서 빵이 나오면 완전히 식기 전에 시럽에 담갔다가 꺼낸다.

1

2

3

4

5

6

아몬드 캔디 *Almond Candy*

배합표		
설탕 130g	물 50g	통 아몬드 500g
버터 30g	화이트 초콜릿 200g	다크 초콜릿 200g
코코아파우더 200g	슈가파우더 200g	

만드는 과정

① 통 아몬드를 연한 갈색이 날 때까지 오븐에서 구워준다.

② 냄비에 설탕과 물을 넣고 118℃ 까지 끓인다. 온도계가 없으면 육안으로 판단 할 수 있다. 즉 갈색이 나기 전 까지 끓이면 된다.

③ 아몬드를 냄비에 넣고 저어 준다. 아몬드에 붙어있는 설탕이 캐러멜화 될 때까지 저어준다.

④ 캐러멜(진한 갈색)이 되면 불에서 내려 버터를 넣고 섞어준다.

⑤ 다른 그릇으로 바꾸어 아몬드를 실리콘 몰드에 부어놓고 한 개씩 분리한다. 뜨거울 때 분리해야 잘 떨어진다.

⑥ 냉각시킨 아몬드를 녹인 초콜릿에 넣고 묻혀서 꺼내어 코코아파우더 또는 슈가파우더를 묻힌다.

티라미수 *Tiramisu*

배합표			
	마스카포네 치즈 500g	노른자 140g	생크림 200g
	설탕 100g	물 30g	흰자 100g
	젤라틴 10g	사보이아르디(레이디 핑거) 20개	

커피 시럽			
	물 200g	설탕 100g	맥심커피 20g
	깔루아 리큐르 20g		

만드는 과정

① 마스카포네치즈에 노른자를 넣으며 풀어준다.

② 젤라틴을 불려서 녹여준다.

③ 생크림을 올려준다.(60%)

④ 설탕을 끓여 이탈리안 머랭을 만든다.

⑤ 마스카포네 반죽에 젤라틴, 생크림, 이탈리안 머랭을 순서대로 넣고 가볍게 섞는다.

⑥ 준비된 몰드에 반죽을 조금 채운다.

⑦ 핑거쿠키를 커피시럽에 적셔 위에 올리고 반죽을 채운다.

⑧ 냉동실이나 냉장고에서 보관 후 먹기 전에 코코아파우더를 뿌려서 먹는다.

1

2

3

뷔시드 노엘 케이크 *bûche de noël*

배합표 시트	설탕 514g 코코아파우더 114g 우유 100g	물엿 86g 계란 15ea	박력분 286g 버터 86g

충전물

다크 초콜릿 500g　　　생크림 500g　　　마라시노체리 160g

생크림을 끓여 화이트 초콜릿에 넣고 30초간 기다린 후 주걱으로 천천히 혼합.

토핑
크림

골드라벨 960g

골드라벨 80% 휘핑하여 사용.

토핑
시럽

설탕 100g　　　물 200g

설탕, 물을 넣고 점성이 약하게 끓여 식힌 후 사용.(레몬, 계피를 추가하여 향을 보강)

만드는 과정

① 계란, 설탕, 물엿을 넣고 중탕으로 혼합 후 90% 휘핑.(반죽을 떨어트려 기존 반죽에 흡수
　되는 속도로 판단)

② 철판에 800g 분할 후 스크래퍼 또는 스패츌러를 이용해 평평하게 펼친다.

③ 오븐 온도 윗불 180℃, 아랫불 180℃에서 10~13분 굽기

④ 구운 시트에 먼저 시럽을 바르고 가나슈를 바른 후 마라시노체리를 골고루 뿌려 롤모양으
　로 말아서 냉장 보관.

⑤ 롤 모양으로 말아준 시트를 원하는 모양으로 컷팅 후 통나무 모양으로 크림을 바른다.

레몬 케이크 *Lemon cake*

배합표		
박력분 400g	설탕 400g	버터 300g
달걀 6ea	노른자 4ea	레몬 2ea
크림치즈 120g	베이킹파우더 8g	

만드는 과정

① 달걀에 설탕을 넣고 거품을 올린다.

② 레몬 껍질을 벗겨 다진다. 레몬주스를 같이 사용한다.

③ 버터 크림치즈 섞어 부드럽게 해준다.

④ 레몬 제스트와 즙을 3에 넣고 섞어준다.

⑤ 밀가루 베이킹파우더를 체 쳐서 1에 넣고 반죽한다.

⑥ 3을 5에 넣고 반죽한다.

⑦ 몰드에 종이를 깔고 반죽을 채운다.

⑧ 오븐온도 175℃/170℃ 25~30분 굽는다.

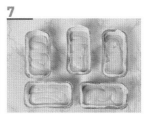

제과 GCD 교안

학생 주도형 실습 수업 지향

※ GCD 수업이란?

교수 주도의 일방적인 수업 방식이 아닌 학생이 주도가되어 수업의 주제, 방향을 정하고 이끌어감으로 학습 내용에 대한 이해도와 성취도를 향상시며, 창의적 수업 진행을 통해 학생들 스스로 탐구하는 힘을 길러줄 수 있는 프로그램이다.

※ GCD 수업방법

• 학생의 need가 반영된 교육프로그램
• 나만의 창작 메뉴 개발 → 창작메뉴 대회 진행 → 제품 평가 및 피드백 → 카페 메뉴로 출시
• 학생들의 흥미 유도와 동기부여를 통해 자발적 학습태도 형성

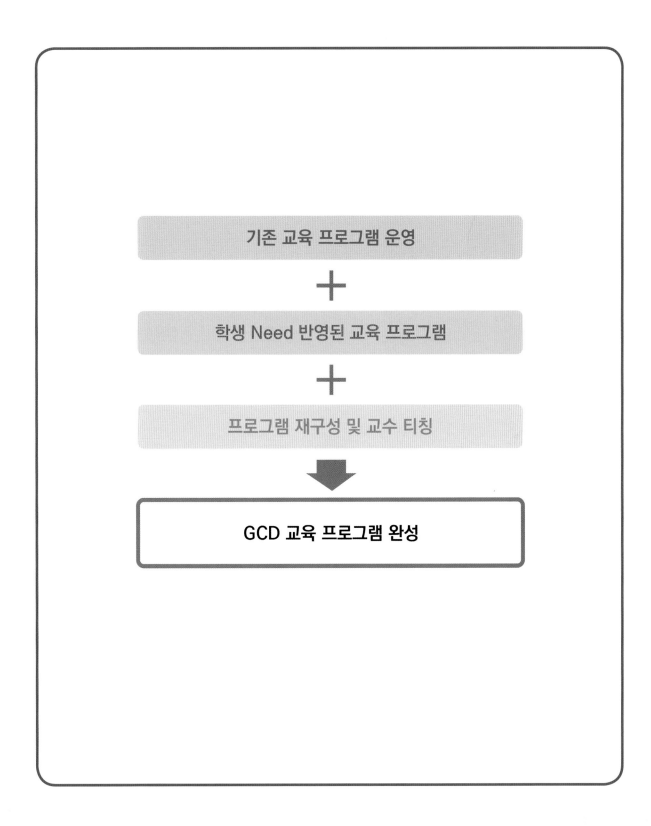

1. 팔미에 3절 접기 횟수에 따른 제품 변화에 대하여 실험하고 분석한다.

(기본 표본 없이 접기 횟수를 4가지로 만들어 진행)

㉠ 팔미에 밀어펴기 3절3회 접기한 제품 생산.

㉡ 팔미에 밀어펴기 3절2회 접기한 제품 생산.

㉢ 팔미에 밀어펴기 3절4회 접기한 제품 생산.

㉣ 팔미에 밀어펴기 3절5회 접기한 제품 생산.

G.C.D수업 평가표

	비교 조건(3절 접기)			
	3절5회 접기	3절2회 접기	3절4회 접기	3절회 접기
제품의 볼륨				
제품의 색상				
제품의 구조력				
제품의 향				
제품의 맛				
제품 내부 기공				
제품 내부 색상				

평가표 외 비교, 평가 내용

2. 팔미에 롤링버터 함량 따른 제품 변화에 대하여 실험하고 분석한다.

(기본 표본 없이 롤린버터 함량 3가지로 만들어 진행)

(ㄱ) 팔미에 기본 롤링버터 30% 제품 생산.

(ㄴ) 팔미에 기본 롤링버터 15% 제품 생산.

(ㄷ) 팔미에 기본 롤링버터 40% 제품 생산.

G.C.D수업 평가표

	비교 조건(롤린버터 함량)			
	롤링버터 30%	롤링버터 15%	롤링버터 40%	롤링버터 50%
제품의 볼륨				
제품의 색상				
제품의 구조력				
제품의 향				
제품의 맛				
제품 내부 기공				
제품 내부 색상				

평가표 외 비교, 평가 내용

3. 에그타르트 제조시 필링의 되기가 완제품 변화에 미치는 영향을 비교한다.
(기본 표본 없이 필링의 농도를 3가지로 만들어 진행)

(ㄱ) 필링의 흐름성을 액체처럼 주루룩 흘러내릴 정도의 농도로 제품 생산.

(ㄴ) 필링의 흐름성을 중간 농도로 제품 생산.

(ㄷ) 필링의 흐름성을 걸죽한 농도로 제품 생산.

G.C.D수업 평가표

	비교 조건(필링 농도)		
	흐르는 농도	중간 농도	걸죽한 농도
필링의 볼륨			
제품의 색상			
제품의 구조력			
제품의 향			
제품의 맛			
제품 내부 기공			
제품 내부 색상			

평가표 외 비교, 평가 내용

4. 슈반죽 호화의 되기 정도에 따른 제품 변화에 대하여 실험하고 분석한다.

(기본 표본 없이 필링의 농도를 3가지로 만들어 진행)

(ㄱ) 호화의 되기가 약한 제품 생산.

(ㄴ) 호화의 되기가 정상 제품 생산.

(ㄷ) 호화의 되기가 강한 제품 생산.

G.C.D수업 평가표

	비교 조건(반죽 호화)		
	약한 호화	정상 호화	강한 호화
반죽에 사용되는 계란량			
제품의 볼륨			
제품의 구조력			
제품의 향			
제품의 맛			
제품 내부 기공			
제품 내부 색상			

평가표 외 비교, 평가 내용

5. 밀봉카스테라 계란 휘핑성에 따른 제품 변화에 대하여 실험하고 분석한다.
(기본 표본을 휘핑성 90%로 진행)

(ㄱ) 80%의 계란의 휘핑성으로 제품 생산.

(ㄴ) 90%의 계란의 휘핑성으로 제품 생산.

(ㄷ) 100%의 계란의 휘핑성으로 제품 생산.

G.C.D수업 평가표

	비교 조건(3절 접기)		
	휘핑성 80%	휘핑성 90%	휘핑성 100%
제품의 볼륨			
제품의 색상			
제품의 구조력			
제품의 향			
제품의 맛			
제품 내부 기공			
제품 내부 색상			

평가표 외 비교, 평가 내용

한국호텔관광교육재단
Korea Hotel & Tourism Education Foundation
한 국 호 텔 관 광 교 육 재 단 교 재 편 찬 위 원 회

이원영

현) 한국호텔관광실용전문학교 교수부장
신한대학교 일반대학원 외식산업학 박사
1994년 (주)신라명과 근무
1999년 서울프라자호텔 제과부 재직
2011년 디저트카페운영
2013년 대명 엠블호텔 킨텍스점 제과부 책임자
인력관리공단 제과·제빵기능사 자격증 시험 감독위원
케이크디자이너 시험감독
mbc 드라마 '내 이름은 김삼순' 배우 김선아씨 케이크 디자인 담당, 드라마 케이크 협찬 및 출연
mbc 생방송 화제집중 출연
먹거리 X파일 검증위원

이소영

현) 한국호텔관광실용전문학교 호텔식음료제과제빵 교수
한경대학교 한경대학원 생활과학과 이학박사
American Institute of Baking 수료
충남지사 제과·제빵기능사 자격증 시험 감독위원
서울남부지사 제과·제빵기능사 자격증 시험 감독위원
한국제과기능장 시험 감독위원
제1회 코리아푸드 트렌드 페어 심사위원
베이커리 페어 진행위원
서울남부, 동부지검 제과·제빵기능사 감독위원
디저트&SIBA 건강빵 샌드위치 경연대회 진행위원
강원도 지방 경기대회 심사위원

정민수

현) 한국호텔관광실용전문학교 호텔식음료제과제빵 교수
한성대학교 경영대학원 호텔관광외식경영학과 석사
American Institute of Baking 수료
프라자호텔 Part Chef
에릭케제르 한국 론칭
브래드필 R&D 총괄 기술이사
프랑스 에릭 카이저 연수
제과·제빵기능사 자격증 시험 심사위원

최덕규

현) 한국호텔관광실용전문학교 호텔식음료제과제빵 교수
호남대학교 사회융합대학원 외식조리관리학 석사
(사)한국제과기능장협회 서울강서지회 지회장
인력관리공단 제과제빵기능사 자격증 시험 감독위원
먹거리 X파일 검증위원
베이커리 페어 진행위원
SISA 경연대회 심사위원
(주)고려당 근무
(주)빵굼터 근무

저자와의
합의하에
인지첩부
생략

심화 제과실습 및 제빵실습

2021년 4월 15일 초판 1쇄 인쇄
2021년 4월 20일 초판 1쇄 발행

지은이 이원영 · 정민수 · 이소영 · 최덕규
펴낸이 진욱상
펴낸곳 (주)백산출판사
교　정 박시내
본문디자인 이문희
표지디자인 오정은

등　록 2017년 5월 29일 제406-2017-000058호
주　소 경기도 파주시 회동길 370(백산빌딩 3층)
전　화 02-914-1621(代)
팩　스 031-955-9911
이메일 edit@ibaeksan.kr
홈페이지 www.ibaeksan.kr

ISBN 979-11-6567-273-7　93590
값 24,000원